大是文化

# 速刷任務

盯哪才做哪，能不做就先擺著，
如此機靈的人才怎麼變身積極？盯任務，別盯他。

# 把部屬的速度催出來

優れたリーダーは部下を見ていない

日本知名企管顧問公司
Attax Sales Associates 董事長
橫山信弘——著
羅淑慧——譯

# 目錄

## 第2章 把速度催出來的管理法 49

## 第3章　速刷任務，由領導者開始做起　73



## 第4章　說太多或太少，都不是好溝通　89

## 第5章 創建高效率團隊的方法 127

## 第6章 堅守規則，才能改變 159



## 第7章 唯有速刷，才能生存 177

推薦序

# 主管必備的創建高效率團隊工具書

創新管理實戰研究中心執行長／劉恭甫

主管在管理團隊時，往往認為：「必須以人為導向，才能建立高效率團隊。」而《速刷任務，把部屬的速度催出來》正好顛覆了長久以來的認知。

作者提到的「速刷任務」，是一種改良以工作優先的管理模式，不只能幫助主管減少煩惱，團隊裡每個成員也能產生成就感，進而創造驚人的產值。

我相當認同書中最重要的核心觀念：「唯有速刷，才能生存」。透過這種管理模式，可以有效幫助主管創建高效率團隊，即使時代不停的變化，也能展現出競爭力。本書可說是每位主管必備的管理實戰工具書。

此外，《速刷任務，把部屬的速度催出來》還推翻管理過程中常見的三個關鍵迷思：

**1 工時長，就代表賣力嗎？**

工時長不代表賣力，如果工作沒經過拆解，員工會因不知該從哪裡著手處理而動彈不得，結果嚴重降低工作效率。不過，只要建立速刷團隊，把計畫進一步細分成各個任務，並轉交給團隊成員處理，就可提升產能。

**2 主管需要對部屬精神喊話？**

其實，精神喊話只是喊爽而已。因為只靠精神論或感受來傳遞工作內容，無法讓部屬投入工作。主管必須把拆解視為一種技能，並告知部屬，任務是由輸入、處理、輸出等三步驟所構成（詳見五十七頁）。

### 3 不需要完成所有任務。

創建高效率團隊第一步，就是找出不必做的工作。怎麼知道哪些工作可以不做？藉由畫出任務樹，便可釐清真正該做的事。

本書用案例與步驟貫穿全書，以淺顯易懂的技巧輔助說明，我讀完後印象最深刻的，就是作者運用「速刷會議」有效打破上面三個迷思。速刷會議分成下列四個部分：

- 樹根：與成員共享實現目標的目的。
- 樹幹：確認實現目標的細節。
- 樹枝：決定達成目標應做的事。
- 樹葉：決定執行計畫的負責人。

工作最重要的是完成任務的步驟。正因為搞錯步驟，才無法解決問題。

如果想創建高效率團隊，就要懂得如何把工作拆解成最小單位的課題。而本書正是能幫助你快速學習的必備寶典！

前言

# 盯任務，別盯他

你的部屬是否充滿活力？是否感受到工作價值和成就感？

有些部屬不管面對什麼事都能自發行動，有些部屬被動等待指令，有的則是堅持己見、擅作主張。

我是一名顧問，主要工作就是親臨現場，促使企業達成目標。從事這項工作十六年來，我深刻體會到，每個組織領導者因面臨各種煩惱而感到焦慮，隨著時間推移，這份痛苦不斷加深，甚至到了難以解決的地步……相信拿起本書的你，也有相同感受。

我想給碰到領導困難的主管一個建議：**不要再緊盯著部屬了**。

凡事都以員工為中心，你跟部屬工作時就能感到愉悅嗎？會因此對工作充滿熱情嗎？現在不妨停止思考這些事情了。

看到我這麼說，或許有人會問：「主管應該把目光投向哪裡？」

**我的答案是「任務」。**

我將在後文詳細說明，簡單來說，所謂的任務，是指由最終目標拆解而成的多個小目標。主管要帶領團隊聚焦於組織該做的任務，當然，這並不代表主管不用關心部屬。而是指**你應該用更正確的方式來完成該做的事，以達成組織目標。**

光是把目光放在任務上，你的團隊就能提高效率和產能，不僅部屬內心變得餘裕，更從工作上獲得成就感。

這是我從客戶身上學到的改變思維的重要性。

## 逆向思考改變我的想法

約十三年前，我總感覺很疲累。雖然我會在週末參加經理人研討會，但我沒有打入這個圈子，幾乎都是自己一個人坐著。

就算有人主動攀談：「橫山先生，你看起來好像很累？」我也只是冷冷的回答：「對啊。」因為工作讓我精疲力盡，連好好回應對方的力氣都沒有。

某天，我和參加研討會的夥伴共進午餐，那時比我年輕約五歲的企業老闆說：「我會在投宿飯店的泳池游泳好幾公里，如果沒有泳池，我就會在飯店周邊跑步十公里以上。」

一開始還以為我聽錯了，我問：「你經常到外地出差，怎麼還有力氣做運動？雖然我也想鍛鍊身體，不過太累了，根本沒辦法像你這樣。」

結果對方回道：「橫山先生，你不要想『因為疲累而沒辦法運動』，而要想『因為運動，才能得到不會疲累的身體』。」

在這之前，我不曾逆向思考過，所以他說的那番話，瞬間影響了我。

現在我年過五十，工作量遠比當時多出更多，卻過著充滿活力的生活。雖然運動量比不上那位大老闆，不過，我現在每天都能堅持運動。

同理，部屬並不是因為對工作感到興奮才做出成果，而是因為完成眼前的任務，有機會做出成果，他才能真正的享受工作，進而感受到成就感。

這十幾年來，我一直非常重視這樣的逆向思考。

## 成就感，得完成之後才能感受

接下來，我想問問身為主管的你，什麼是成就感？

所謂的成就感，是指做完某件事情後感受到的價值，所以，我們說的「獲得成就感」必定是過去式。

也就是說，如果還沒開始做，就先思考「價值」、「成就」，就會使人陷入無盡的煩惱中。

如前文所提，我們應先把目光放在任務上，按部就班的完成一個又一個任務，取得成果，長期下來，部屬便能感受到自己的努力是值得的。

價值和成就不是「因」，而是「果」。當部屬逐一解決眼前該做的事並實現目標，從中獲得成就，他們就能感受到工作的價值和意義（見下頁圖1）。

我的工作是想辦法幫助客戶實現目標，所以我總是把重點放在組織的目標上。雖然也會考慮到企業員工的價值與成就，但我不會把它當成最終目的來協助客戶解決問題。

當一間公司擁有明確目標，團隊裡的每一個人會很自然的聚集起來，朝同個方向前進，快速且有效率的逐一完成任務，組織因此成長，變得更加茁壯。

「雖然過程辛苦，不過，最終還是達成目標，這讓我很有成就感。」

「獲得客戶的肯定，所有辛苦都是值得的。」

像這樣，當員工感受到工作價值，便會興起「做這件事是值得的」的想法。

近年來，商業人士的工作環境在各個方面都有了巨大的變化。如果忽略這點，就沒辦法談論本書觀點。所以，我希望先聊聊這個話題。

二〇一九年五月，日本經濟團體聯合會（按：簡稱經團聯，由企業組成之業界團體，其目標是「強化企業的價值創造力，促進日本與世界的經濟發展」。由於有眾多日本大型企業加盟，其提出的政策建言以及政黨政治獻金，對政經兩界皆有龐

圖 1　工作價值，得完成後才能感受到。

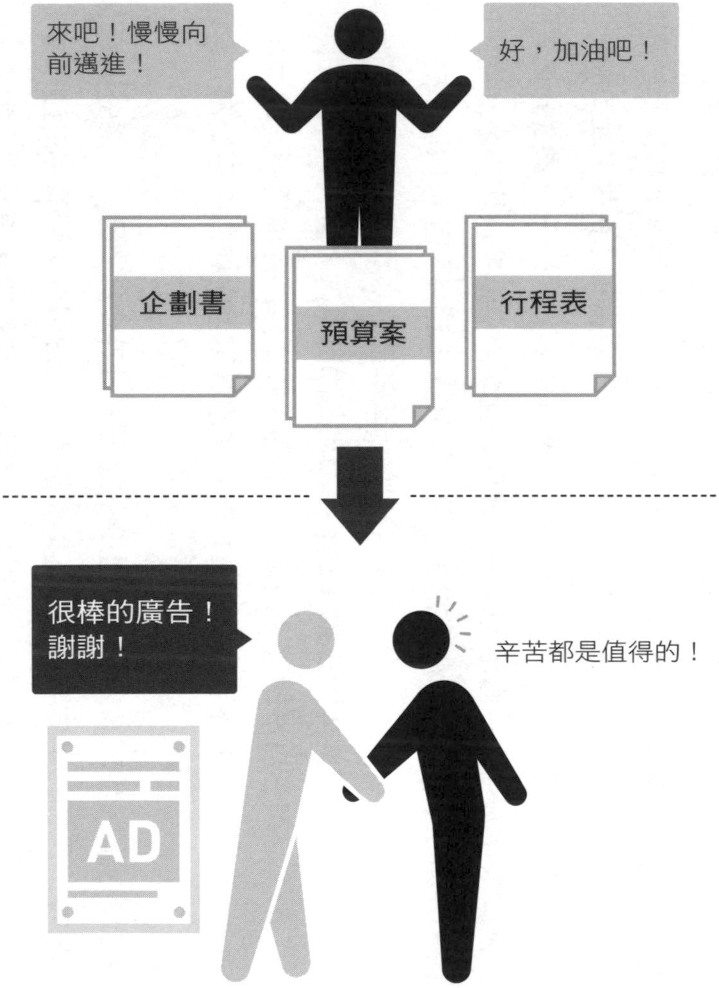

大影響力）會長中西宏明針對終身僱用制度發表「制度疲勞」的看法。同時期，豐田汽車（Toyota）社長豐田章男也提出相同言論：「現在已經進入很難維持終身僱用的局面了。」

再加上，二〇二〇年爆發新冠疫情，促使越來越多企業導入遠距辦公。不過，許多組織領導者因為沒辦法直接盯著部屬工作而碰到瓶頸。

為了突破窘境，日本綜合跨國電子製造商日立製造所和富士通，宣布採用「工作型僱用」（按：重視針對工作內容須具備的能力，而非學歷或是年紀），與此同時，過去支撐著日本企業的「會員型僱用」（按：採用一批不限定職種跟工作內容的畢業生，並把他們培養成全方位人才，讓其有能力應對公司所有職務，且會依據業務需求調整員工的工作。但因沒有固定職務內容，難以考核員工表現）逐漸邁入尾聲。

會員型僱用以人為優先，之後再考量工作。以中長期的觀點來說，這種方式較能讓員工覺得工作有保障，因此，其滿意度較高。另一方面，歐美企業則採用工作型僱用——只在有需求的時候聘僱人員。對公司而言，這是比較有利的做法。

可是，工作型僱用真的適合日本嗎？

我認為，不管是會員型或工作型，都沒辦法提高員工的幹勁，不只無法產生工作熱情，也無法收穫成就感、感受到工作價值。

## 打造以「任務」為核心的團隊

因此，我想提出一個簡單易懂的新概念：「速刷任務」，也就是快速且有效率的完成任務。

「速刷任務」在日文中寫成「サクタス」，其發音和英文的成功（Success）類似，而且語感上帶有良好的寓意，所以我喜歡用這個名詞來代指快速且有效的完成任務。

**最重要的關鍵是以「任務」為第一優先。**

如前文所提，會員型僱用是以人為導向，工作型僱用則是以工作優先。

而我在本書提到的速刷任務，是一種稍微改良工作型僱用的管理模式，詳細會在書中介紹。話說回來，若日本企業要從會員型僱用切換成工作型僱用，就必須製作職務說明書（Job Description）。可是，如果透過文件定義職務的內容，之後委派工作給部屬時，就可能聽到這樣的言論：「又不是我負責的。」、「我進公司才不是為了做那種工作。」相信主管會為此傷腦筋。

因此，我們應改變思維，要「以任務為優先」，而非「以工作為優先」，讓部屬把每天快速完成任務當作目標。如此一來，不只主管能減少煩惱，團隊裡每個成員也能產生成就感，進而創造驚人的產值。

我的公司作為幫助企業客戶達成目標的顧問集團，擁有超過十六年的資歷，此外，每年都會舉辦演講和研修，已幫助超過兩千名經營者和主管解決問題。

只要把目光放在與目標有關的任務上，就能避免浪費，不花力氣處理多餘的作業，於是在三個方面創造出餘裕：金錢、時間、精神。

因為變得容易達成團隊目標，所以營收增加。當然，如果能完成高生產效率的工作，就能擁有更多時間。

有了錢和時間，精神自然也變得餘裕，能擺脫工作所帶來的負擔和痛苦。

第 1 章

# 速度要多快，才是「速刷」？

# 1 一小時內完成任務，速度就算快

如前言所說，速刷任務是指迅速且有效的處理任務。因其日文發音和英文的成功很像，而且語感也非常棒，所以我公司裡每個員工都會使用這個詞彙。

從字面上來看，有些人以為只要能很快的處理好工作，就等於速刷，事實上並非如此。這裡說的「速」，是形容事情進展快且過程順暢。而「刷」，很適合形容人一口氣就完成所有事。

我們先從時間的角度來思考，怎樣「刷」才算快。

想想看，花多久時間完成一項任務能會讓你產生「快」感？如果你覺得有點抽象，可以利用數字讓這件事變具體，例如：

- 花一天完成工作。
- 五小時內做好工作。
- 一小時內處理好事情。
- 三十分鐘內解決問題。
- 十分鐘內完成任務。
- 五分鐘內搞定工作。

像這樣，逐一排出選項，你自然能知道做一件事的速度是快是慢。從這裡至少可以知道，如果你得花五至六小時才完成某項任務時，很難感受到快的感覺。

以做家事為例，應該會比較容易想像：晒衣服、打掃浴室、整理房間、吸地板、倒垃圾……如果你花了五、六小時，才做好某項家事，即便完成了，你也不覺得痛快。

就我的經驗來說，若能在約**一小時內完成任務，速度就算快**；如果處理一項任務需要超過一小時，或許代表事情進展不順利。

因此，**我把速刷設定成「在一小時內做好」**。此外，抱持「就算某個任務無法在一小時內解決，也要試著挑戰一小時內完成」態度，是非常重要的事。

# 2

# 幹勁，做了某些事後才會產生的情緒

工作時，只要把速刷任務當成口號，能讓身心逐漸變得輕鬆。舉例來說，有些部屬老是發牢騷：

「這個工作不能等一下再處理嗎？」

「我非得做這件事不可嗎？」

我找了那些有一堆藉口、缺乏行動力的員工，並要求他們實踐速刷時，他們甚至說：「那是什麼啊？聽起來好蠢。」一直到他們看見執行後的結果，才改變想法，不僅不再抱怨，還能快速的完成任務。

其實，我只是帶著部屬，把該做的事情拆解成數個任務並逐一解決，光是這樣，就讓工作變輕鬆。甚至，有些部屬還會主動要求處理更多的任務。

真是不可思議，為何體驗過速刷任務之後，人會產生這麼大的變化？

這裡借用日本腦科學權威池谷裕二的話來說明，這也是我非常喜歡的一句話：

「幹勁，是缺乏幹勁的人杜撰出來的藉口。所以，思考要怎麼激發幹勁，根本是浪費時間。」

池谷表示，如果想激發一個人的幹勁，最重要的關鍵就是活動手腳，以刺激腦中名為「依核」（Nucleus Accumbens）的部位。當依核受到刺激後，會分泌神經傳導物質多巴胺（Dopamine），如此一來，人便湧現出想做些什麼的想法。

也就是說，在「做」某些事之前，幹勁並不存在。**幹勁是在你「做了」某些事之後，才會產生的情緒。**

所以，當部屬開始速刷任務時，內心會產生以下變化：

1. 缺乏幹勁。
2. 總之，先做再說。
3. 產生幹勁。
4. 進一步執行任務。
5. 提升幹勁。
6. 處理任務的速度也跟著提升。

透過這樣的轉變，部屬會積極完成一個又一個的任務。

用腳踏車來比喻的話，會更容易理解：先踩，等過一段時間，適應原本的騎車速度後再加速。雖然加快速度，卻踩得很輕鬆，而且樂在其中。甚至到最後，還產生停不下來的高亢情緒。

一開始沒動力很正常，重點在於透過展開實際行動來刺激依核，促使腦部分泌出多巴胺。**只要持續處理任務超過二十分鐘，就能體驗到工作的興奮感**，自然能完成一個又一個任務了，也就是速刷。

# 3 「誰想負責這案子？」沒人會理你

為了讓組織能在今後時代生存，我認為要把工作盡量交辦給能做到速刷的部屬，而能力不足的人，則分配不到什麼事。

也就是說，任務不會平均分配給各個成員。

「這個任務交給A、這個任務由B負責、這個任務讓B處理、C做這個任務，然後B要……。」就算出現工作分配不均的情況，也是沒辦法的事。為了在期限內有效達成目標，我認為「懂得分配資源」是現今領導者應具備的能力之一。

主管必須牢記，任務是拆解目標而來的，並不是為了團隊成員量身打造。當部屬能正確處理「由目標而下」（Goal-Down）的任務，團隊才能維持健全狀態。

什麼是由目標而下？這是一種新的團隊管理型態。

一般來說，管理分成「由上而下」（Top-Down，現場人員根據高層所下達的決策來行動）和「由下而上」（Bottom-Up，高層聽取現場人員的建議後，做出決策）。最近，有一些中階管理層會採用「承上啟下」（Middle-Up-Down，意思是中階管理職能熟悉作業場所，並站在相對立場把握經營環境，提出優於作業現場的策略或願景，再由上級共同商討）。

可是，不管是由上而下、由下而上，又或者是承上啟下，人與人之間的交流都不會因此改變，團隊的管理方式仍以人為主。然而，這種方式無法減少領導者的管理壓力。

這時，我們應轉變思維，把目標看作終點，並根據該內容來拆解成數個任務。首先，鎖定最終目標，然後把達成目標的過程劃分成多個大計畫。接著把大計畫再細分成中計畫，然後把中計畫拆解成小計畫，最後切割小計畫，就能得到數個任務（見左頁圖2）。

舉個例子，假設當前目標是「導入遠程辦公，提高組織的生產效率」，就可以拆解成：

圖 2　要達成目標，就要以任務為核心。

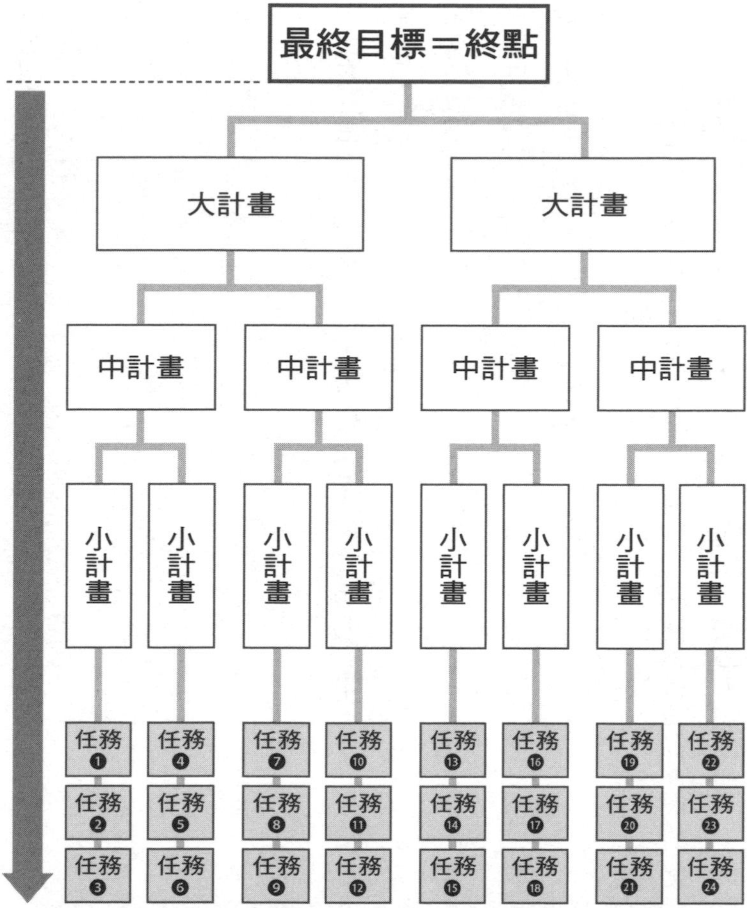


重點是把最終目標拆解成最小的作業單位，
也就是任務。

大計畫：

- 通訊、工作環境。
- 安全。
- 管理。
- 人事評估。

其中，大計畫中的「安全」，可以拆解成更細小的計畫：

- 擬定手冊。
- 完善內容。
- 系統防護措施。
- 資安對策。

接下來，就能針對小計畫，寫出何時、何人、如何執行等任務內容。

如果只是單純的喊口號：「為了順應時代變化，要導入遠程辦公，以提高生產效率！」根本沒辦法馬上規畫行動，也不知道由誰主導才能實現這項目標。

即便問：「誰可以負責這個計畫？」部屬也不會主動接下這份工作，結果就是，就算很早訂好目標，不論經過多久，團隊遲遲無法踏出第一步。漸漸的，部屬的工作效率越來越差，最終成為我在第二章提到的慢磨團隊的一員。

為了打造速刷團隊，讓工作有所進展，主管這時應拋開「找誰處理才好？」的想法，同時逆向思考：「把這件事安排給那個人做」。光是這麼做，許多問題都能瞬間解決。

# 4 工時長不代表賣力

剛聽到工作型僱用一詞時，許多人都會產生一個疑問：「這是什麼意思？」就算詢問身邊的人，他們也得不到正確答案。

簡單來說，採取工作型僱用的公司在招聘時，通常會準備職務說明書，裡面詳細且具體的記載職務內容、目的、責任和權限範圍等細節。也就是說，只要有人符合這些條件，就會被錄取。

可是，在團隊中，若有人說：「又不是我負責的，我不要做這個。」而不願意協助或做其他事，便會給團隊添麻煩。

這也是為什麼，我認為主管應把目光放在怎麼分配任務。只要把目標拆解成最小的作業單位（任務）就可以了，如此一來，成員便能清楚知道，自己該做什麼、不該做什麼。

如果工作沒經過拆解就會顯得很抽象，員工因不知該從哪裡著手處理而動彈不得，甚至誤會或曲解自己該做的事，而誤會、曲解會嚴重降低人的工作效率。對速刷團隊來說，誤解和曲解不會帶來任何益處，應視其為禁忌、敵人。**因此，身為領導者，你必須明確設好規則，並讓團隊徹底理解然後落實。**

只要主管用「工作就是完成數個任務」的觀念來管理團隊，自己和部屬的內心自然有餘裕，且擺脫工作負擔。若主管能隨時以任務的角度來看待問題，不論部屬到外地出差還是居家上班，就不用一直擔心員工是否有好好工作。

舉例來說，某公司擬定一份名為「客戶潛力分析」的計畫，任務分配如下：

- A向業務部長確認客戶戰略。
- B負責設定客戶篩選的條件。
- C必須整理客戶資料庫。
- 用某程式處理任務「提取客戶潛力數據與創建列表」。

這個時候，因為主管不需要管理員工的進度，所以，主管的工作就會變得十分簡單。

看到我這麼說，相信很多人都會感到奇怪。

但事實上，當主管把目標拆解成計畫並交辦給部屬時，才需要不斷跟他們確認進展：「現在做到哪了？」而速刷團隊則是把計畫進一步細分成各個任務，並轉交給團隊成員處理，所以，主管只需要思考「任務是否如期完成？」就夠了，管理也因此變得更加輕鬆。

對部屬而言，因能清楚了解自己只要做好那些任務，不需要額外思考其他事情，所以工作會變得比較輕鬆。

主管如果把注意力都放在員工身上，不只事情很難有進展，你也忍不住想：

「A加班時數長達四十小時，B卻只加班五小時。B有好好做事嗎？」

「C的孩子還很小，如果他居家辦公，真的能好好工作嗎？」

只要管理團隊時以人為導向，主管都會像這樣忍不住心生懷疑。

你身為領導者該優先關注的是任務，不要只確認員工是否好好工作，而是留意任務有沒有妥善且快速的處理好。

老實說，我過去也是這樣。只要聽到部屬工作到深夜，或是假日還到公司上班，就會想：「他真努力。」**明明不知道對方在做什麼事，卻對他產生「認真上進」的印象。**

我同意能長時間工作的人肯定非常努力。

可是，如果領導者只是單憑感覺，就輕易給予「賣力」、「做得好」之類的評價，可能讓那些同樣盡心盡力工作，卻只是因不善於表現自己而無法獲得好評的成員，產生極大的不滿。

致力於研究人力資源的「Kaonavi HR 技術總研」曾公布一項有關人事考核的調查。結果顯示，超過半數的人因「完全無法接受結果」而對評估不滿，其次是「無法信賴稽核人員」、「無法接受考核的理由」。

全球最大的國際人力資源服務公司藝珂（Adecco），公布的調查也相同，員工對評估不滿的主要因素，包括：「標準不明確」、「稽核人員的價值觀或經驗參差不齊，所以不太公平」等。

反過來看，對人事考核感到滿意的成員，對職場的滿意度、敬業度往往也比較高。對領導者來說，這是絕對無法忽視的要素。

此外，如果主管過度關注部屬的一舉一動，便會導致團隊無法達成預定目標，自身的評價也會跟著受影響。

# 5

# 工作，不一定找「人」處理

你底下的員工會根據當天的心情好壞，來安排當天的工作內容嗎？這是最沒效率的工作方式。不但無法掌握真正要做的事，還會創造「假任務」，最後才發現自己瞎忙一場。

不管是到辦公室上班，還是在家遠距辦公，在開始工作前，如果不知道自己是為了什麼、要做什麼工作（任務），老實說，這樣的員工挺悲慘的。

我用職棒選手來舉例，或許能讓你更容易想像和理解。

一般來說，職棒選手在比賽前先做好準備，像是深入研究敵方的隊伍、評估自己團隊的狀況、自己的出場順序和作用，然後進行調整。

可是，如果選手在進了球場才思考「接下來怎麼辦？」事前也沒問過教練的建議，肯定無法有好的表現。

**事實上，很多人都不知道自己當天該做哪些事情。**

我公司的顧問曾在客戶公司主持一場朝會，他向每個人提問：「今天要做哪些工作？」

儘管早在好幾天前就已經通知對方，但還是有很多人答不出來。就算回答了，卻被主管糾正：「今天應該要開發新客戶才對吧？」

對方一臉尷尬的回應：「啊，對哦。」

如果這種部屬申請居家辦公，主管無法掌握對方做了哪些事，也無法評估他處理的任務是否有助於團隊實現目標。即便工作再有挑戰性，這類型部屬也很難從中獲得成就感和工作價值。

所以，我們應把焦點放在任務上。只要部屬清楚知道目標是什麼，自己又該做什麼，才會產生動力，努力工作和成長的想法也會變得更加強烈。

除此之外，「以目標為優先」能刺激員工提出更多天馬行空的發想，這也是不容忽視的優點。

話說回來，有些任務不一定要由公司員工來解決（見左頁圖3）。

**圖 3**　有些任務可以交給公司員工以外的人來做。

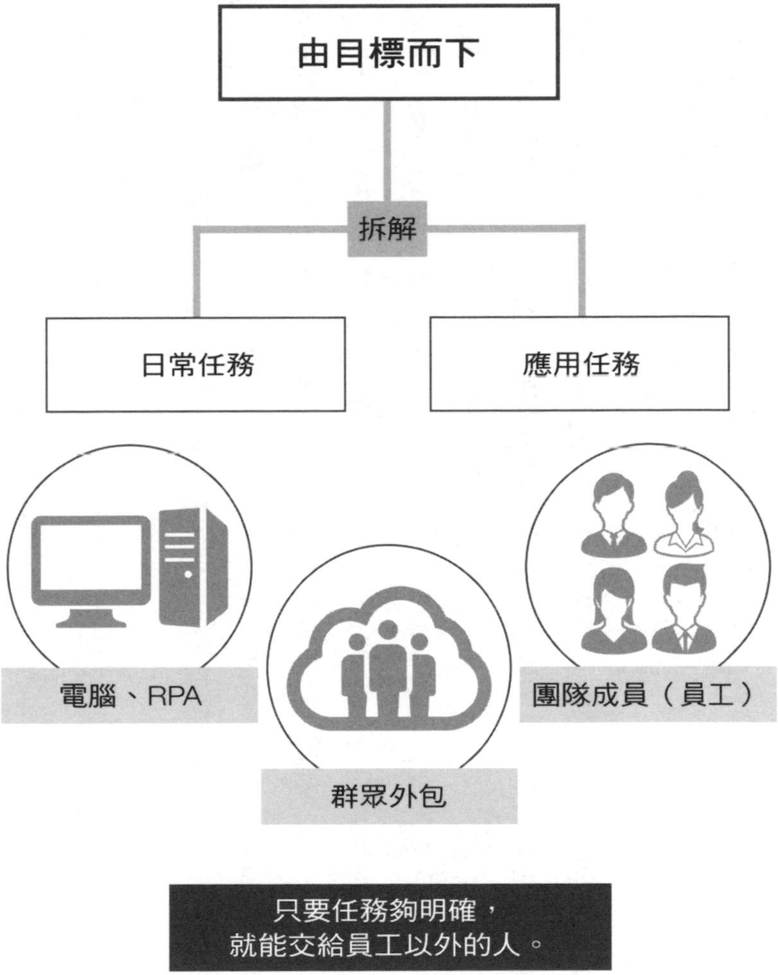

如果是偶爾突發的任務，可以試著找公司以外的人選處理。為了順利完成計畫，也能邀請對方加入自己的團隊。如果需要合作一段時間，不妨和對方簽訂契約（長期或短期都可以）。

現在，企業透過「群眾外包」（按：Crowdsourcing，由群眾〔crowd〕和外包〔outsourcing〕組成的。簡單來說，原本某工作外包給企業處理，變成透過特定平臺外包給大眾）招募合作對象來執行某工作，這種狀況越來越普遍了。

另外，甚至有些企業不是找人處理，而是把工作交給電腦或RPA（按：Robotic Process Automation，即機器人流程自動化。一種新興的程式軟體工具，能模擬人在電腦上操作不同系統的行為），也是不錯的選項。

只要能正確拆解任務，應該就能劃分出日常任務和應用任務。接著，預先制定數據和判斷規則，就能把第三十七頁舉的例子「抓取客戶潛在數據和創建列表」，交給機器人妥善處理。

我覺得這是厲害且劃時代的做法。

從客戶資料庫裡撈出符合潛在條件的數據，再逐筆條列那些數據，然後製成新的清單。機器人還能依照區域、業界、銷售規模進行簡單分類，同時也能按照公司名稱進行排序。

機器人不僅能快速處理任務，也不會有半點怨言或是厭煩。在今後的時代，機器人肯定會是團隊當中的最佳夥伴。

如果把任務交給人處理，很可能會變成這種狀況：

「只有七十三筆資料根本不夠，要超過三百筆才可以。重做！」

「我說過要依照區域、業界、銷售規模來製作表格，為什麼這份資料是依照業務窗口分類？」

「你超時兩天，卻只做出這樣的成果？算了，剩下的我自己來還比較快。」

對領導者來說，這種狀況只會增加自己的工作量，而聽到主管抱怨的成員，肯定會想：「既然這樣，當初幹嘛叫我做……。」

為了減少這類狀況，才需要機器人。現在我的公司正和大型 RPA 開發商合作，開發出「RPA解決方案」以提高工作效率。我們還開發了跟管理業務相關的RPA，機器人的運用範圍正在逐漸擴大。

## 重點整理

- 先鎖定目標，然後將其細分成大中小計畫，接著把小計畫拆解成最小作業單位，也就是任務。
- 速刷任務，就是快速且有效的完成任務。只要完成一個又一個要做的事，人就能產生幹勁。
- 領導者若想減輕工作負擔，應把目光從人轉移到任務上。
- 任務並非只能交給公司員工處理，也可以讓外包人員、機器人執行。

第 2 章

# 把速度催出來的管理法

# 1 慢磨團隊的特徵，話比人多

做事拖拖拉拉，老是推遲處理任務……這種和速刷概念完全相反的團隊，我稱為「慢磨團隊」。

請透過本章節進一步確認，你的團隊屬於哪種。

我們先看看下列對話範例。某領導者打算開發新客戶，於是他找了成員們討論這個問題。

領導者：「我們之前訂好本季目標是開發新客戶。目標管理表上面也有寫，不過，為什麼業績這麼差？上個月也沒達標。」

部屬A：「雖然知道業績差，但做起來沒有想像中輕鬆……。」

領導者：「但C順利達成目標了。」

部屬A：「因為C負責的地區和我不同。」

領導者：「是地區問題嗎？你經常加班，卻沒開發出新客戶。你在這段期間到底做了什麼？」

部屬A：「我在接洽現有客戶。」

領導者：「我有分配助理給你，既然有人幫忙，為何加班情況卻沒有減少。」

部屬A：「畢竟手上的工作太多了。」

部屬B：「事實上，我也覺得目標訂得太高了。」

領導者：「什麼意思？」

部屬B：「明明去年沒達成目標，今年目標卻比去年多一〇%，這樣做真的有意義嗎？」

部屬A：「沒錯，大家都這麼說！」

領導者：「你們居然好意思這麼說。明明年初時，大家信誓旦旦的表示，本期一定能做到。」

部屬A：「可是，現在討論目標數字有意義嗎？」

部屬B：「就是說啊，有些公司廢除績效制度，員工的業績反而提高了。」

領導者：「有那麼多意見就去跟社長說，不要找我抱怨。其他事情隨時可以找我商量，總之大家要堅持到最後，不要放棄。」

從這段對話中，我們可以發現慢磨團隊的特徵是有許多毫無意義的對話。不僅領導者的指示十分模糊，部屬也搞不清楚自己該做的工作（任務）。

所以這種團隊的成員往往會出現這些抱怨：

「目標訂得太高了。」

「如果目標根本無法實現，那麼工作有什麼意義？」

想把人們聚集起來組成一個團隊，一定要設定目標，**如果沒有目標，就不能稱作團隊，只能算是「群體」**。慢磨團隊的麻煩，在於成員會忘記原本的目的，甚至否認自己的存在意義，所以很難改善做事方式。

## 2 精神喊話，喊爽而已

如果要實現速刷任務，主管必須具備把工作拆解成具體任務的技能。可是，我輔導的企業中，許多中階管理層、團隊領導無法做到這點。

這是因為他們的表達方式一直以來都不夠具體——說法含糊，只靠精神論或感受來傳遞工作內容，如此一來，不論經過多久，成員都無法投入工作。舉例來說：

常見的精神論：

- 提起幹勁。
- 靠意志力克服困難。
- 不要緊張、放輕鬆。

典型的用感受來表達：

- 保持感激。
- 每日精進。
- 不忘謙虛。

說法模糊：

- 徹底的……。
- 積極的……。
- 快速的……。

結合上述內容，我們可以想像這種場景：

主管說：「十月將迎來新的一季。雖然本期沒達標，不過，希望大家下一季開始能鼓起幹勁，做出更好的成績。此外，要加強內部溝通，積極且主動做好每件事。」部屬馬上回答：「是！」

還有一種情況是主管說：「鈴木的部門負責開發新客戶，佐藤帶的團隊則要開發新商品。為了贏得客戶信賴，我們要想辦法推出更好的產品，企劃部部長會全面支援我們。十月要好好衝刺，拜託大家了。」

部屬回道：「好的！」

不管在哪間公司，都能看到這樣的對話。

可是，光講漂亮話根本無法有效管理團隊，更不可能促使團隊達成目標。

就範例中的公司來說，即便過了一個月，部門內部的溝通依然不順利，開發新客戶毫無進展。因每日業務繁忙，導致商品開發停滯，而企劃部頂多只是問：「最近情況如何？」根本沒給予全面支援。

# 3 拆解任務是一種技能

我總是建議企業領導者：「不要用模糊、抽象的說法，重點是把工作具體拆解成任務。」

結果，對方反駁：「又不是我的問題，而是現在的員工理解力很差。」

我想問問這些領導者：「你當然可以選擇自己喜歡的表現方式，但你能具體說明你的期望嗎？關於『開發獲得客戶好評的商品』這個目標，是由什麼計畫和任務構成的？」

請讀者也試著思考看看，如何回答這個問題。事實上，大多數人被這樣逼問時，都不知道該怎麼回應。

「徹底開發新客戶的具體方法是什麼？面對哪種企業，要採取哪種行銷方法？得主動出擊多少次？究竟該怎麼做，才稱得上『徹底』？」大多領導者都無法給出詳細說明。雖然也有人表示：「等開始行動之後，就會懂了。」不過，事情往往不如想像中的容易。

姑且不論主管是否能正確拆解任務。我希望大家知道的是，把抽象的事物變具體，本來就不容易且有壓力。

我找了大型開發商共同開發RPA，並應用到工作上。

我發現，那些能善加運用RPA（把工作妥善分配給機器人）的領導者，很擅長把抽象概念或口號等，拆解成具體的計畫或任務。另一方面，表示「完全不會使用RPA」、「機器人能做的事很少」的人，往往不太會分解工作。

若想正確拆解目標，具體來說，要透過**「輸入→處理→輸出」**三步驟：為了獲得什麼成果（輸出），需要什麼資訊（輸入），以哪種判斷標準來處理。當你能做好這三步，便可順利把工作分解成最小單位（任務）。剩下的就是養成習慣。

舉個例子，某人想做西班牙海鮮燉飯（目標），但在此之前，他從未做過這道料理，那麼他該從哪裡開始？

首先，他需要輸入資訊。什麼資訊？關於管西班牙海鮮燉飯食譜的訊息。這時的具體任務，就是查西班牙海鮮燉飯食譜。

他接著發現做這道料理得準備番紅花。為了取得那種香辛料（輸出），必須思考需要的資訊，於是，下個任務就自然浮現出來（只要知道哪裡有賣番紅花，就能獲得可期待的成果）。

**拆解任務是一種技能**，不可能一教就能會，**必須從日常開始訓練**。不論遇到什麼事，都要想：「如果把某事拆成一個又一個任務，應該怎麼做？過程會產生多少個任務？」藉此養成習慣。

透過這樣的過程，最後就會慢慢了解，任務是由「輸入→處理→輸出」三步驟所構成的。

## 4 速刷和慢磨的差異

慢磨團隊的成員不僅無法照著周圍的期望成長，成員對團隊的滿意度也很低。更別說他們會對工作抱有幹勁。

在這種狀態下，如果主管還在思考「怎麼做才能使部屬成長？」、「如何提高團員參與度？」反而讓自己做白工，也會讓團隊原本該做的事（目的）變得不夠明朗，漸漸的，不論主管還是部屬，都只做些多餘且無用的工作。

我用樹木來比喻速刷團隊和慢磨團隊的差異。

首先看速刷團隊。團隊目標（樹幹）粗大且清晰，而用來實現目標的計畫（樹枝）一目瞭然，只要釐清工作，員工不用做太多任務（樹葉），就能完成工作（見左頁圖）。

說到這裡，我想分享暢銷書《向巴黎夫人學品味》（*Lessons from Madame*

▲速刷團隊就像經過修剪的樹木，要做的事都很清楚。

*Chic*）。書中除了提到法國人的價值觀「重視本質，而非數量，且珍惜所有」，有許多值得我們學習的地方。何謂本質？許多法國人認為就是富饒的生活品質，和家人一起享受生活中的點點滴滴。

商業世界也一樣，存在絕對不能忘記本質：什麼是最重要的事情？團隊應有的模樣是什麼？有什麼目標？

就像上方插圖，重要的是讓問題變得清晰明瞭，部屬自然不會把注意力放到無關的事物上，進而擁有更多時間，精神不會那麼緊繃。

至於慢磨團隊，雖然有設定團隊目

標（樹幹），但不清晰，更存在許多和目標沒有直接關係的計畫（樹枝），任務（樹葉）不知為什麼非常多（見下圖）。樹不美觀，而且不協調。這代表團隊雖然有做事，卻做不出成果，也看不出其向心力。

若能經常畫一些任務樹，就能清楚掌握團隊的當前狀況。

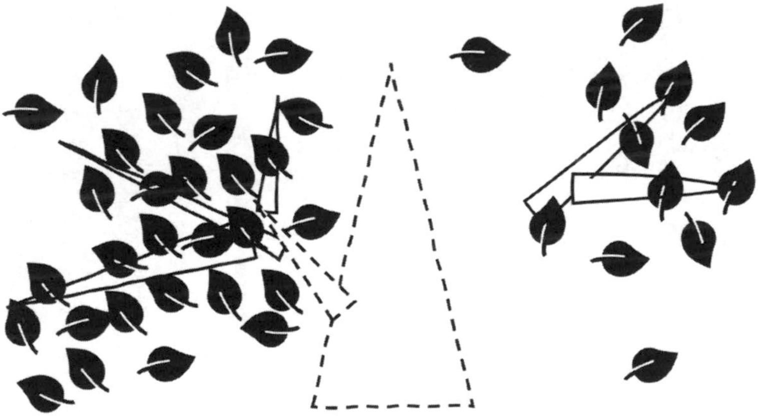

▲慢磨團隊的成員不清楚目標是什麼，導致浪費很多時間做沒用的事。

# 5 管理「人」會出現的問題

**只要到了工作現場，就能知道團隊碰到的問題，幾乎都跟人有關。**舉例來說：

「沒辦法跟居家上班的部屬好好溝通。」
「很難幫助能力差的業務提升實力。」
「員工滿意度調查結果顯示，中間管理層的參與度低。」

身為幫助企業達成目標的顧問，我都會問客戶：「撇開人的問題，貴公司經營計畫的進展如何？」

有人表示：「一旦部屬士氣下降，或是職場氛圍陷入低迷，經營計畫的推動就會受到影響。」我認為這個想法是錯誤的。

如前文提到的，工作最重要的是完成任務的步驟。正因為搞錯步驟，才會突顯這些問題。

這裡用棒球來比喻。

防守方本該派九名守備員上場，假設某球隊裡有十五名球員，而教練決定讓他們全站到球場上。這種管理方式就是「以人為導向」——會員型僱用的做法。

因為沒有拋開「既然花錢聘僱，必須讓每個人都有事做」的想法，才會讓十五名球員同時站在球場上，直到比賽結束為止（也就是說，每個員工得在上班時間不停的工作）。候補選手的概念徹底消失，所有人都是先發選手。你覺得這種情況合理嗎？

相信沒有教練會喜歡這種「重視選手出場勝過於球隊勝利」的管理方式，而且這麼做只會讓粉絲轉身離開，不再觀看比賽。嚴重的話，教練甚至會遭受輿論抨擊，要求球隊開除教練。

不管是教練或粉絲，每個人都有自己喜歡的選手，希望他們能在球場上發揮實力。但不論如何，比起只有自己喜愛的選手大放光彩，更重要的是讓球隊獲得勝利。為了讓球隊拿下冠軍，球員拚盡全力比賽。粉絲才會為之著迷，才會產生為那名選手加油打氣的念頭。

同理，在職場上，**管理團隊必須先考量目標（終點），而不是人。**

我公司接觸過的客戶中，就有一家把人放在第一位的企業。

為了幫助該企業穩定達成目標，我擬定組織改革計畫。在改革期間，該企業老闆突然跟顧問說：「由這位課長來當團隊領導吧！」

當時組織改革團隊已成立半年。如果只是新增團隊成員倒也無妨，但老闆卻要求讓某人當負責人。

讓我有點傷腦筋。因為在這間企業裡，老闆是絕對的存在。如果得罪對方，就很難在這間公司推動任何計畫。

不過，我還是向社長提出異議並持續溝通：「請給我一點時間，等課長學會拆解任務的技巧後再上任。」我之所以這麼說，並非因為那位課長是全新的參與者，而是對方只會口頭說說，而提不出實際做法。

幸好我最終得到了老闆的認同。

順帶一提，該企業其他部門也出現相同的問題。業務部長說：「希望從製造部調派三名人員到業務部。」

我拒絕他的要求，並說明團隊的經營管理應該「以任務為優先」。

因為以人為導向，公司根本不會成長。

# 6 我把員工放第一位，績效卻往下掉

接下來，我們先想像一個理想場景：企業有願景，也擬定好用來實現願景的計畫，更確保有足夠的管理資源來實踐計畫。其中，「人」也是管理資源的一部分。

這裡繼續用職棒來舉例。

身為教練的你，本來想招募能守備中外野且投球力道強勁的選手，卻因為看到一個還不錯的三壘手，而打算簽下他。可是，如果這時球隊已有兩、三名實力卓越的三壘手，就算那位新球員表現得再怎麼出色，就這樣簽下對方，都稱不上是正確做法。

這就是把人放在思考首位時，會發生的情況。因為先想到人，你之後才會考慮該怎麼用他。不過，只要從任務的角度去思考，就能清楚理解該怎麼用人。

我們必須記住，如果公司持續採用會員型僱用制度，在管理團隊時，會漸漸遠離初衷。因為以人為導向來管理團隊，會出現越來越多與目標無關的任務。嚴重的話，有的團隊甚至會先創造出任務，再根據那個任務去探尋目標，這種做法可說是本末倒置。

我把這種管理稱為「由任務而上」（Task-up）。請注意，不是由下而上，而是由任務而上。

我們現在先回想前文提到的任務樹。最初有樹幹，然後長出樹枝，接著才長出樹葉。可是，由任務而上的情況，則是樹葉先登場，然後長出樹枝。就像違反自然規律般，團隊的管理情況顯得矛盾、不合邏輯。

我曾聽過這種事情：

新員工A因無法專心投入工作而煩惱。資深員工B聽說A的狀況後，向上級反映：「我們公司對新員工很冷漠，就是這個問題導致離職員工增多。」

的確，這間公司近幾年年輕員工離職率升高，經營者對此感到困擾。

B提議組織一個企劃團隊，固定每週開會討論一次，希望藉此找出有效方法來提升年輕員工的動力。他甚至向公司提出「員工士氣調查」和「激勵員工研修班」等計畫，而這些提案相繼被採納。

事實上，這份企劃啟動之後，年輕員工的離職率確實下降了不少。

後來，這個團隊晉升成部門，被命名為「管理輔助中心」，甚至招募更多人員，而B成為該中心的主任。

不過，這個故事還有後續。自從B因家庭問題離職後，擴編至八人的管理輔助中心便失去凝聚力，存在意義也逐漸消失。最後公司解散該部門，年輕員工的離職率再次攀升。

為什麼會變成這樣？

我從這間公司社長聽到這段故事後，對他說：「這種狀況其實很常見，我馬上幫你解決問題。」實際上，在我介入並提供支援後，這間公司變得截然不同。

我做的事很簡單，就只是幫他們組織變成速刷團隊而已。

透過逆向思考，我試著改變管理層的思維，把「由任務而上」的管理理念（以這個案例來說，就是提高衝勁，才能創造成果），轉換成「由目標而下」（創造出成果，才能夠提高團隊的士氣）。

如果總是優先思考人，就會不知不覺產生新的工作。在新業務出現後，還得替那份工作找到意義。

這樣一來，我們永遠都無法從「為手段找目的」的思維中跳脫出來。

為什麼年輕員工的離職率那麼高？為了找出原因而成立一個企劃團隊，實施各種調查以了解現況，然後再推動提高士氣的研修活動……這一連串的做法是否真的有必要？

就算不那麼做，也有辦法提高士氣。

我當時也想過，新人入職前，是因為了解並實現企業的願景，而進入公司嗎？為了確認答案，我找了新員工A談一談，發現他並不了解公司願景，毫無動力實現公司的目標。相較之下，他更在意自己的權利。

對抱著這種心態的A而言，因無法投入工作而煩惱的原因，出在團隊還是自身狀況？我認為若是後者，那麼該公司在組織企劃團隊前，更該好好的思考再行動。

如果他們先設定好任務，再決定任務的意義，並以此為目標，會使自己落入意想不到的陷阱。

經我支援後，由目標而下的文化在這間公司扎根，年輕職員的穩定率也隨之提升了。至於遭解散的管理輔助中心員工都離開公司，用由任務而上來管理的團隊，最後卻得到這種令人遺憾的結局。

## 重點整理

- 慢磨團隊總有許多藉口。領導者的指示十分曖昧，成員不知道自己該做什麼工作（任務）。
- 拆解任務是種技能，只要經過訓練，就能學會。
- 許多領導者表達方式都很模糊，要避免用徹底、積極、快速等詞彙，這些說法無法管理好團隊。
- 團隊的問題幾乎與人有關。可是，團隊管理最重要的是以目標（終點）為優先，而不是人。
- 如果以人為導向來管團隊，與目標無關的任務就會越來越多。

# 第3章

# 速刷任務，由領導者開始做起

# 1 你做的是任務還是假任務？

到目前為止，我寫了很多跟任務有關的內容，但任務的定義到底是什麼？你有辦法簡單說明嗎？

接下來，我將更進一步的探討什麼是任務。

我在現場工作時，發現很多人都沒有正確理解任務一詞。他們總是空喊口號：

「進一步提高生產效率。」

「開發更多客戶！」

「研發新商品。」

**若沒有具體的行動計畫，根本沒辦法執行任務。**所以，如果領導者只會說這類的話，團隊自然無法快速完成工作。

為了避免延遲完成該做的事，我們要把工作大略分成「計畫」和「任務」：

- 計畫：用來達成目標，任務的集合體。
- 任務：能寫到行程上、最小單位的工作或課題。

例如，「吸引客戶的活動」、「培訓部屬」、「職場的完善」……這些全都是計畫。除了像這些規模較大事務外，「寫企劃書」、「聯繫新客戶」、「在公司舉辦讀書會」等，能在一天內至數天完成的工作，或者是不需要多位員工就能解決的事，也算計畫。

**不論規模大小，只要是任務的集合體都可以定義為計畫**。

**兩者最大的差異，在於是否能估算出工作所耗費的時間**。只要能算出會花多少時間做好某事，就算是任務。只要是任務，就能讓負責人員記到行程表上。

所以，為了能正確速刷任務，得先學會判斷該做的工作，屬於任務還是計畫。

只要能區分兩者，便能養成刷任務的習慣。

速刷任務就是快速且有效解決任務，但如果正在做的「任務」不是任務，就沒必要快速處理了。

如前文所提，任務必須從團隊目標拆解出來。那麼，「不是任務的任務」具體來說是什麼意思？這是非常重要的內容，我接下來將詳細說明。

日本存在一種名叫「蝗蛉」的昆蟲，外型和螳螂十分類似。不過，在生物分類法中，這種昆蟲屬於脈翅目（Neuroptera），和螳螂不同。據說蝗蛉能像蒼蠅一樣快速飛翔。

同理，不是從目標拆解而來的工作，雖然看起來像任務，但事實上卻不是真的任務。換句話說，就是「假任務」。

更好的分辨方法，是任務需要由自己安排，並不會因為某些情況而被動產生。舉個例子，同事突然打電話給你：「有件事情需要請你幫忙。可以幫我做一份資料嗎？只需要三十分鐘就夠了。」

這種突如其來的委託，不是任務，而是假任務。

你可以自行判斷要不要幫助對方，但你至少該了解，這件事不能稱作任務，只能算是假任務（見左頁圖4）。除此之外，把客戶打來的電話轉接給某人、閱讀或回覆電子郵件，都屬於假任務。因為這些都不是你會寫在行程表上的工作。

**自己親手做、用腿跑、靠嘴說的，才是任務。**

順便參加的會議，或請教前輩工作上的事，都不算是任務。就算你已經寫進行程裡，依然不算。因為任務應和目標有直接關聯。

「雖然是間接，不過，還是跟目標有關」。如果硬要這麼說，就沒完沒了了。所以要確實劃出明確的分界線。否則，永遠都沒辦法快速處理任務。

**圖 4**　區別任務和假任務的方法。

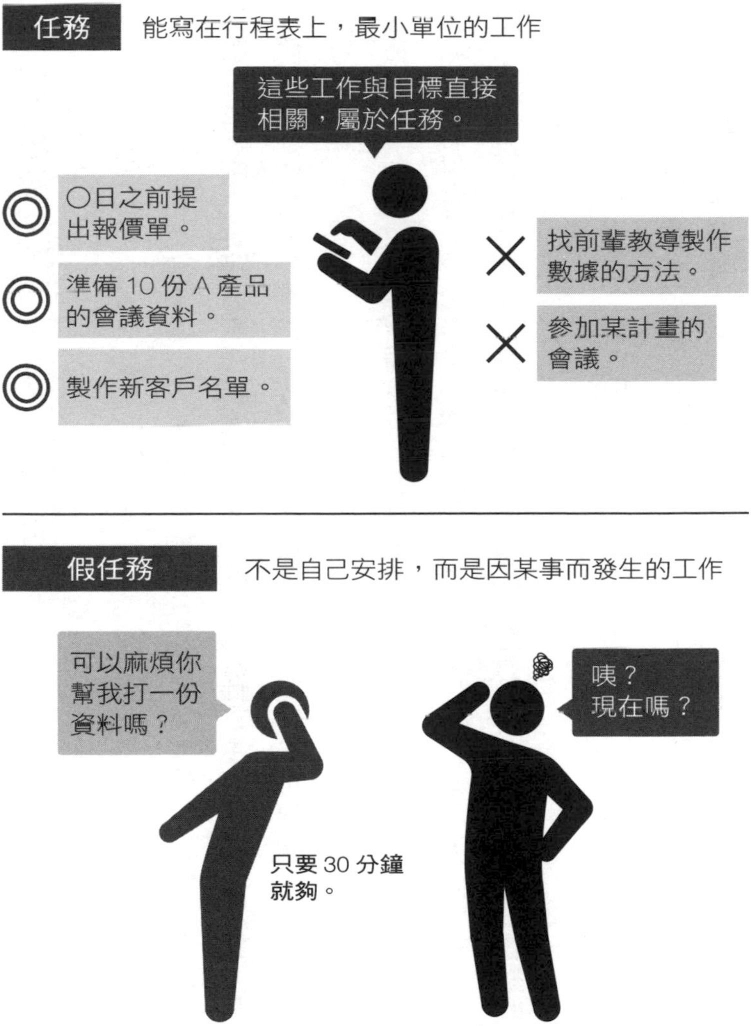
任務
能寫在行程表上，最小單位的工作
這些工作與目標直接相關，屬於任務。
〇日之前提出報價單。
準備 10 份 A 產品的會議資料。
製作新客戶名單。
找前輩教導製作數據的方法。
參加某計畫的會議。
假任務
不是自己安排，而是因某事而發生的工作
可以麻煩你幫我打一份資料嗎？
只要 30 分鐘就夠。
咦？
現在嗎？

## 2

# 領導者必備的量化技術

作為領導者，應先實踐速刷任務。這時要做的是先掌握量化技術——用數值來表現出我們感受到的事物。例如，客觀估算「那份工作需要花多少時間」，就會用到這個技巧。

一開始，可以試著用計時器等工具來練習量化技術。

假設你現在手上有一份工作是「製作新客戶名單」。估算看看，大概要多久才能做完這件事。我問過很多人這個問題，他們雖然很努力的思考，但最後往往會回答：「不清楚耶……。」

為什麼？這是因為「製作新客戶名單」不是任務，而是計畫。如果沒有把工作確實拆解成任務，就沒辦法運用量化技術。

量化技術能幫你分辨出某事屬於計畫還是任務。所以在工作之前，先試著預估工作需要花多少時間吧。

接下來，練習拆解「聯絡客戶並取得預約」。如果你不知道該怎麼拆，就先回想「輸入→處理→輸出」。該輸入什麼？該輸出什麼？只要仔細思考，要完成的任務自然會清楚的浮現出來。例如：

- 確認自己的行程表，找出空檔。
- 開啟資料庫，查詢客戶的電話號碼。
- 打電話給客戶，安排會議日程。

照自己的方式拆出任務後，運用量化技術，估算各項工作耗費的時間：

- 確認自己的行程表，找出空檔（三分鐘）。
- 開啟資料庫，查詢客戶的電話號碼（五分鐘）。

- 打電話給客戶，安排會議日程（五分鐘）。

這麼一來，可以假設這項計畫（任務的集合體）總計耗費十三分鐘。下一步要調整排程，思考哪個時段較適合處理這些事。行程安排妥當之後，就表示完成準備工作。最後只要照著行程表執行即可。

可是，實際狀況未必會按照預期發展。尤其是面對未曾處理過的工作，往往會超出時間。不過，不需要慌張。只要準備計時器，一邊處理工作一邊測量時間：

- 確認自己的行程表，找出空檔（兩分鐘）。
- 開啟資料庫，查詢客戶的電話號碼（十八分鐘）。
- 打電話給客戶，安排會議日程（三分鐘）。
- 因為客戶不在，於是寫信給對方預約會議時間（十分鐘）。

結果共花了三十三分鐘。

因為最近沒查閱客戶資料庫，所以搞不清楚登入方式，只好找同事求助，結果多花了一些時間，另外，因客戶不在位置上，打電話沒人接，只能改用電子郵件來聯絡。

如果量化技術不夠準確，又或是發生預料外的情況，預估時間就會出現極大落差。不過，這只是剛開始。只要能適應，總有一天會掌握這項技巧。

「原來如此，沒想到會超出預期。」

「結果比我想像得還快搞定。」

只需要一個計時器，就能讓過去那些覺得吃力的任務，變得充滿樂趣。

舉例來說，若主管交辦的工作讓你厭煩時，先估算作業時間，這麼一來你就能產生動力，「應該可以在十五分鐘內完成。快點解決它！」

這裡再練習一次量化技術，以本節開頭提到的「製作新客戶名單」為例，先粗略寫下任務：

1. 向主管確認新客戶的定義。
2. 記下新客戶的條件。
3. 確認客戶資料的資訊來源。
4. 彙整準備放在新客戶名單上的資訊。
5. 設計名單格式。
6. 找出符合條件的新客戶資料。
7. 把找到的資料整理到新客戶名單裡。

面對沒做過的事，即便不知道是否能正確拆解工作，仍需要像這樣列出任務，然後，推算各項任務所需的時間：

1. 向主管確認新客戶的定義（五分鐘）。
2. 記下新客戶的條件（十分鐘）。
3. 確認客戶資料的資訊來源（五分鐘）。

4. 彙整準備放在新客戶名單上的資訊（十分鐘）。
5. 設計名單格式（十分鐘）。
6. 找出符合條件的新客戶資料（三分鐘）。
7. 把找到的資料整理到新客戶名單裡（十分鐘）。

由此可知，要製作名單需要五十三分鐘。

接下來，可以試著彙整那些同時處理會更有效率的任務。然後寫上預計耗費的時間：

1. 確認新客戶的定義及客戶資料的資訊來源，整理準備放在新客戶名單上的資訊，同時記下新客戶的條件（十五分鐘）。
2. 設計名單格式，抓出符合條件的新客戶資料，接著彙整到名單裡（二十三分鐘）。

彙整之後，預估要花三十八分鐘，才能完成這兩個任務。最後，只要把這兩個任務排進行程裡，準備工作就完成了。

等開始處理時，就用計時器來實踐速刷任務。舉例來說，我們推算製作新客戶名單須花三十八分鐘，或許你就可以利用出差搭乘交通工具時，做完這件事。

我很推薦TANITA計時器。因為這款計時器有震動功能，所以不論是在辦公室、咖啡廳或是電車上，隨時都可以使用。

像這樣使用計時器和量化技術並養成習慣，就能培養時間敏感度。進而清楚知道在什麼時機，處理什麼任務。為了養成習慣，我建議不管做任何事，都應積極使用計時器來測量時間：

「吃一碗烏龍麵需要幾分鐘？」

「讀二十頁的書要花多久時間？」

「炒一道菜需要幾分鐘？」

藉由平日的訓練，可以磨練時間敏感度。

只要養成習慣，速刷任務就不會是沉重的負擔：「這件事差不多八分鐘就能完成。」、「需要二十分鐘。」、「五分鐘就能搞定。」像這樣快速且有效的完成每項任務，你會發現自己比過去擁有更多時間。

## 重點整理

- 任務和計畫的差異在於，是否能估算出花多少時間才能完成。
- 自己親手做、用腿跑、靠嘴說，才能算任務。
- 掌握量化技術，用數字表示感受到的事物。客觀預估並用數字記下完成某事需要多久時間。

第 4 章

# 說太多或太少，都不是好溝通

# 1 長篇大論，降低生產效率

如果有人問：「該怎麼做才能提高產能？」你會怎麼回答？

我會說：「有兩個方法。一是提升作業效率，二是提高溝通效率。」

相信大家都能理解提高作業效率，就能提升產能。不過，溝通效率是什麼？為什麼它會影響產能？跟速刷任務又有什麼關聯？

在本章，除了解說「溝通效率」，我也會介紹速刷團隊必備的高效表達技巧。

這裡先請大家想看看，為什麼會議總是這麼漫長？只要沒注意時間，就會越開越久，例如原本預定一小時要結束的會議，不知不覺延長三十分鐘。有些組織甚至打從一開始就決定要開會一整天。

到底是什麼原因導致會議延長？

有些人可能認為存在很多因素，但事實上真正的原因只有一個：長篇大論。

既然是開會，自然有人發表意見、想法。不過，要是有人長篇大論或說跟開會主題無關的內容，就會影響會議時間。

不光是會議。簡單商談、討論也會如此。講電話更容易出現這種情況。原以為一、兩分鐘就能結束對話，結果不知不覺講了十分鐘，甚至二十分鐘。

若不希望浪費時間溝通，就需要學會高效表達——話要盡可能講的簡短易懂。比起學習英語等第二外語，我認為做到簡練且清楚的傳遞訊息，反而更能在商業場合上贏得成功（見左頁圖5）。

另外工作時，若不斷重做一些資料文件，也可能是溝通出問題。如果交辦、交接工作時，彼此的想法產生落差或有誤解，就會多做沒必要做的事。

相信很多人都有過這樣的經驗。可以說，誤解和誤會是效率的大敵。

希望提高產能時，大部分的人會把重點放在作業效率上。但若能同時提高溝通效率，整體工作速度肯定會更快。

**圖 5**　提高溝通效率，等於提高工作效率。

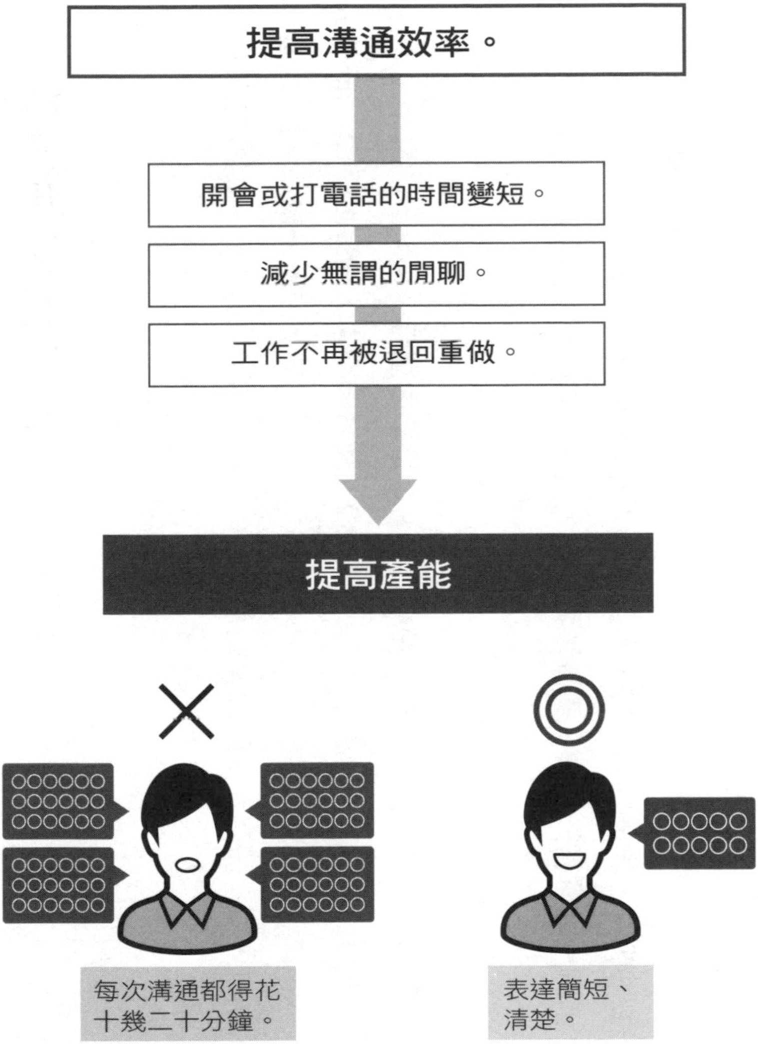
提高溝通效率。
開會或打電話的時間變短。
減少無謂的閒聊。
工作不再被退回重做。
提高產能
每次溝通都得花
十幾二十分鐘。
表達簡短、
清楚。

## 2 嚴禁冗長發言

進行速刷任務時，為了做到高效表達，必須隨時留意自己在傳遞訊息時，是否說的清楚且正確，沒讓人產生誤會。

反過來說，要做到速刷，就得嚴禁繁冗發言。

你的公司有這樣的人嗎？開銷售會議時，在說正題之前，先找一堆藉口鋪陳，例如：

「就像我之前說過好幾次的那樣，因剛好碰到課長離職，再加上團隊多了兩名新人要帶，所以我不確定本季是否能達到與去年相同的業績。除此之外，我還參與其他業務，所以非常忙……。」

這種預見某種結果可能傷害到自己或帶來不利，於是主張自己背負不利條件的情況，就稱為「自我妨礙」。這是認知心理學所說的「自利偏差」之一。

「開發新客戶？我光是處理現有客戶就忙不完了，現在不是開發新客戶的好時機吧！」

「本季目標是一億日圓。可是，增稅等問題導致外在環境產生極大變化，所以根本不知道接下來會有什麼發展。」

習慣自我妨礙的人，通常都會向周圍的人打預防針，「有某些外在因素，所以……」。萬一真的失敗，他就會說：「你看吧！」如果成功，則會表示：「沒想到挺順利的。」

我輔導的企業客戶中，很多人的表達方式既冗贅又不精準。

要成為速刷團隊，就絕對不能這樣說話。因大部分的人不會意識到自己說話沒重點，所以周遭的人必須相互提醒，「你想表達的是？」、「不要拐彎抹角」。

此外，話語能改變一個人的思維，所以就算剛開始會覺得有點不好意思，也要隨時對自己說：「開始速刷任務吧！」、「今天也要迅速完成工作。」、「要提升自己的效率。」

因為說出這些話的同時，你的思路會開始產生變化。當大腦依核受到刺激，就會分泌多巴胺，尷尬感進而消失，心情因此逐漸變得輕鬆。

事實上，在許多速刷任務滲透到公司文化的企業裡，大家經常使用跟速刷有關的名詞。例如，主管開頭會說：「表達要簡潔。」部屬則回應：「知道了。我會注意說重點。」

因為團隊的日常就是有效率完成該做的事，所以成員互動良好，工作積極。回到原本的話題，一旦自我妨礙變成習慣，就會出現問題。

人若事先準備好失敗藉口，那麼在面對為了實現成果而做的訓練、準備時，會不自覺變得怠惰。

有一著名心理現象叫「比馬龍效應」（Pygmalion Effect），指當人被賦予高期望時，會為了回應期望而努力。與之相對的，是「格蘭效應」（Golem Effect），意思是不被他人抱有期待，所以無法發揮能力。

而事先準備失敗藉口，等於對外宣告：「不要對我有太多的期待，我會有壓力。」如此一來，周遭對自己的期望自然變低。也就是說，自我妨礙會引起格蘭效應，使人無法發揮潛能，達不到期望的成果。

因此，領導者得時時提醒自己及部屬：「不要老是找藉口，想看看，你打算怎麼做？溝通時記得要講重點、說清楚。」

找藉口只能讓自己心理稍微舒坦一點罷了。沒人會仔細聽那些話，這不過是在白白消耗彼此的時間。只說該說的話，才不會浪費精力。

# 3 高效表達的訣竅

高效表達的訣竅是，從對方容易理解的論點來帶入話題。如果論點放到最後才談，過程中很可能產生誤解，導致溝通效率低下。

記住，對談時要從論點，也就是結論開始說起。

如左頁圖6所示，用樹來比喻的話，就是：

- 樹幹：簡潔說出最希望傳達的論點。
- 樹枝：解釋。用來補充或加強論點。
- 樹葉：進一步說明樹枝。

這種說話方式被稱為「整體—局部法」（Whole-Parts）：首先，把整體觀點

**圖 6**　提高生產效率的說話方式「整體─局部法」。

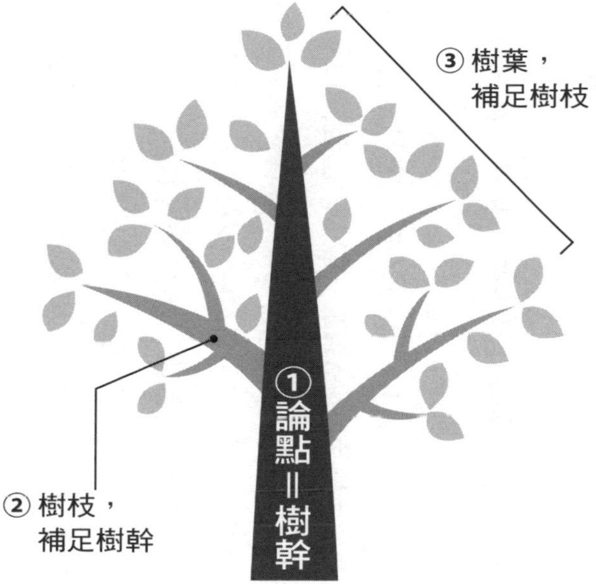


1. 樹幹：簡潔說出最希望傳遞的論點。

↓

2. 樹枝：解釋。用來補充或加強論點。

↓

3. 樹葉：進一步說明樹枝部分。

↓

**對方更容易整理腦中的思緒**

（Whole）傳達給對方，然後進一步說明局部內容（Parts）。這麼做能讓對方整理思緒，是個簡單且有效的溝通技術。

如果是閒聊，就算結論留到最後再講，也不會有什麼問題，不過最好還是盡量避免這種做法，以免雙方認知出現差異。

想做到高效表達，應照著「樹幹→樹枝→樹葉」的順序。假設能事先備妥「樹幹→樹枝」部分，並想好要怎麼說，溝通會更有效率。例如：「希望你把客戶需求彙整到提案書裡（樹幹）。重點有三個：品質、價格和交期（樹枝）。」

如果能跟這個例子一樣，樹枝不用冗長句子，而用簡短名詞，對方會更容易記住。最後，簡明扼要的補充內容（樹葉）。

「品質，是指產品品質，從問卷調查表上可得知客戶對其要求，記得把這些資訊寫下來。」

「接著是價格……。」

「最後交期是……。」

言簡意賅是高效表達的訣竅，但如果話說得太過簡單導致對方誤解，或對方仍無法做到速刷任務，一切就沒有任何意義。

重中一次，為了提高產能，高效表達是團隊不可欠缺的技能。如果談話對象會輕易下判斷，或話只聽一半就擅作主張，你必須掌握下列兩點：

- 預先準備跟談話主題有關的資料或數據。
- 避免中途被對方插話，想辦法一口氣說到最後。

只要隨時提醒自己和部屬要做到簡練發言，避免找藉口或講跟話題無關的事，自然就能提高工作效率。

尤其透過電話告知對方某些事情時，很容易因說不清楚而被誤解，從這點來看，精準表達更顯重要。

# 4 簡潔，不代表省略

速刷任務時要留意說話方式。為了迅速且有效的處理任務，必須有意識的做到高效表達，把話說得簡短清楚，認知才不會有落差。

如果有太多部屬無法做到這點，團隊效率就會明顯下降。

看到這裡，或許有人認為高效表達，就是指所有事都要長話短說。

不，大錯特錯。

事實上，**「避免省略」也是高效表達中非常重要的關鍵**。

想提高產能，簡潔發言確實很重要，可是，有的人只顧著縮短發言內容，卻省略最重要的部分，導致整段話失去邏輯，無法向對方傳達真正的意思。

於是發生「好不容易做完某個工作，卻發現雙方期待有落差而重做」，結果反而無法快速處理任務。

這邊先介紹幾個事例：

「明天早上再處理這份工作。」

「把行程表貼在企劃書的最後一頁。」

「每個月至少拜訪五十名現有客戶。」

上述句子的結論或指示全都省略了論據，讓聽者會很想問：「為什麼？」雖說談話的內容越簡短越好，但如果簡短到對方聽不懂而提問，就表示你沒做到高效表達。

未來即將進入「語言溝通」（Verbal Communication）時代，而不是「非語文溝通」（Nonverbal Communication，指人在傳達訊息時，會使用語言、文字以外的媒介，例如臉部表情、肢體語言或音調等，來輔助說明）。雖說團隊成員中，未必只有本國人能實現非語文溝通，未來可能連外國成員甚至機器人都可以做到。但若不希望被人誤解，必須正確傳達資訊。也就是說，語言能力更顯得重要。

如果省略論據、理由，就可能出現以下場景（如左頁圖7）：

「我明天早上再處理這份工作。」

「為什麼？」

「因為我今天要工作到下午六點，而且回家之後還要幫孩子準備晚餐。哪來的時間完成你的要求。」

「不要那麼情緒化啦！我只是問一下理由而已。」

「請你看過我的行程表後再來問我。工作夠忙了，而我的小孩還很小，他們沒辦法自己搞定晚餐。」

「這個我當然知道。」

「既然知道，幹嘛還問為什麼？」

對於速刷團隊而言，不該出現這類的對話。也不能自顧自的認為「對方應該知道」、「以前跟他說過，他必須知道」，而是明確表達主張並養成習慣。以前述例

圖 7　一旦省略論據，別人就不懂你想表達什麼。

這個明天做。
???
為什麼？
因為我今天還有其他工作，
六點下班後，
還要回家照顧小孩。

如果為了縮短字句而省略理由，對話會失去邏輯，反而讓對話變得更冗長。

子而言，可以這樣說：

「因為我今天要工作到下午六點，而且回家還要準備晚餐給孩子，所以明早再處理這份工作給你。」只要說清楚、講明白就行了。

這樣一來，對方會說：「了解。那明天完成之後，再跟我報告。」很快的結束對話。

# 5 理由，絕對不能省略

許多人說話時，往往會省略論據或理由。可是，這樣可能讓某些人誤解你的想法，反而會讓事情變得更棘手。

例如，主管聽到部屬表示「我明早再處理這份工作」時，不問原因還認定：「距離下班還有兩個小時，為什麼不能在今天完成？他似乎都延後處理我交代的事情，是不是對我有什麼不滿？」

一旦產生這樣的誤會，老實說，不管對哪方而言，感受都很糟。

若對方是電腦或機器人，就不會有這類的狀況。但只要是人，不管是哪國人，不論身在哪個時代，都有可能產生誤解和誤會。

正因我們活在多元化時代，所以不能假設對方的價值觀跟知識結構，一定跟自己一樣，也不能認定對方會接受自己的言論。

說話時，必須帶著迴避風險的意識。也就是說，為了不讓人弄錯自身想法，我們應隨時抱持著「預防萬一，把理由說清楚比較好」的心態。

所以要避免這種過於簡單的表達方式：

「明早再做。」

「行程表貼在企劃書的最後一頁。」

「希望每個月至少拜訪五十名現有客戶。」

而是要完整的敘述理由：

「因為我今天下班前必須先完成另一項工作，而且之後要趕快回家幫孩子準備晚餐，所以明早再處理這份工作。」

「去年的管理會議提出新規定，製作企劃書時必須把行程表貼在最後一頁，所以麻煩你補上行程表。」

「透過調查發現，現有客戶存在潛在需求。為了滿足需求，希望每個月至少拜訪五十名現有客戶。」

寫成文字後，句子看起來很長，但把這些內容唸出來。你會發現其實花不了多少時間。從聽者的角度來看，並不會覺得說話者在長篇大論。

請記得，高效表達的基本原則，就是不省略論據。光是這麼做，便能減少許多沒必要的溝通，團隊成員因此能快速且有效的處理任務。

# 6 「多、少、高、小」，都是爛表達

接下來，我想聊聊我平常很關注的問題：有些人說話時，總是省略了比較對象。例如：

「時間不夠。」
「薪水太少。」
「行銷能力太弱。」

或許這是很難察覺的部分，不過，我認為若想做到精準表達，必須意識到，「不夠」、「太少」、「太弱」等表達方式，都用了比較形容詞，如果這時話中沒有比較對象，聽者就沒辦法真正理解你的想法，導致溝通效率變差。

高效表達的訣竅之一，是盡可能少用抽象概念，尤其是比較形容詞，這種依說話者的印象而有不同標準的詞彙：

「時間不夠，沒辦法做到那種程度。」
「薪水太少，無法消除不滿。」
「行銷能力太差，所以完全賣不出去。」

這樣的內容會讓聽者一頭霧水，同時想了解具體是什麼情況：

「需要多少才能完成？哪部分較花時間？」
「薪水少，是和其他同事比嗎？還是和同業界的人比？」
「行銷能力差，意思是缺乏行銷技巧，還是執行力不夠？」

如果被要求「說得更具體一點」，很多人沒辦法馬上說出答案而變得情緒化，因為他們都只憑印象使用「多、少、高、弱」等字眼。

當部屬反應：「大家都說我們公司的薪水太低了。雖然我沒具體比較過，不過，主管覺得再這麼下去好嗎？」

如果主管被對方的氣焰壓倒：「好，我會找部長談談看。」於是這位主管就會多出一項新任務。主管和部長討論之後，認為「其他人也提出相同意見，因此決定實施聯合計畫。」那個任務就在不知不覺間變成「計畫」。

照理說，任務應是從目標拆解而來，但在這個例子中，卻從不需要的任務中長出嫩芽，且不知不覺長成樹枝，最後變成大樹。就團隊而言，這棵大樹不應該出現在這裡。

我的意思並非指主管不該聽成員的心聲，而是要堅守「不使用比較形容詞」，一開始或許會覺得門檻有點高。不過，只要習慣之後，就能慢慢改掉只憑印象就發言或思考的習慣。

由於比較形容詞本身就是結論，所以若沒有準備充分的論據來解說，那麼你的發言就顯得毫無邏輯，難以說服他人（見下頁圖8）。

圖 8　使用比較形容詞時，要搭配論據，才有說服力。

薪水太少，所以
大家都很不滿。
???
薪水太少？
比誰少？
同事？業界？
我再找老闆
談談。

憑印象發言，容易產生誤解。

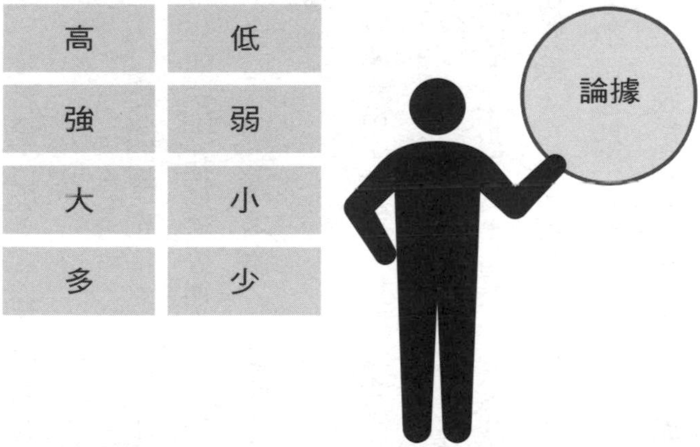
高
低
強
弱
大
小
多
少
論據

比較形容詞是結論，所以使用時，需要加上論據。

如果你只是「感覺」薪水偏低，別馬上告訴任何人，先保留那種想法，並尋找能證實「薪水偏低」的論據。記住，你要找的不是基於個人觀點或對自己有利的證據，要蒐集連第三方都可以認同的數據。

在這個過程中，如果你發現真實的情況是，「跟我同學相比，我的薪水比較低，但同學任職的公司不是商社就是ＩＴ企業，而我則在物流公司上班。公司規模和工作內容都不一樣。如果和相同業界相比，自己的薪水還不錯。」這個時候，你就會知道自己原本得到的結論，根本是一場誤會。

任何事都憑印象發言的人，往往會產生誤解或誤會，不過，只要學會高效表達，就能減少非必要任務的發生機率。

在蒐集論據的過程中，你也可能發現其實自己的主張對的。這時，要把找到的客觀數據整理成資料，再發表言論：「透過這份數據，可以發現年資超過十年的員工薪資水準，在業界內偏低。因為薪資偏低，才無法徹底消除員工的不滿。」

這樣一來，上級便能接納你的意見：「嗯，這的確是個大問題。我再跟老闆討論看看，謝謝你告訴我。」

重申一次，「高、低、便宜、強、弱、大、小、多、少」等比較形容詞都屬於結論。使用這類辭彙時，最好先找出佐證的論據並彙整成資料。這樣一來，你就能實現完美的高效表達。

# 7 很難說清楚時，用寫的

我在前面不斷提到省略論據會出現的問題，而現在則要談省略結論會出現哪些狀況。

或許你會訝異「怎麼會有人不說結論？」但事實上，很多日本人都會這樣。我進入工作現場時，經常能看到上級或部屬發言總是省略結論，例如：

部屬說：「關於開發新客戶，因為還要應付現有客戶，所以……。」

主管接著回應：「我知道要接洽現有客戶的工作量的確很重。不過，開發新客戶也很重要……。」

這樣的對話場景很常見，由於雙方都沒提到結論，所以可能對對方有了誤解或誤會。

我們完全無法判斷，部屬主張因要應付現有客戶的需求，所以「沒辦法開發新客戶」？還是「希望減少工作量」？又或者是，「會努力開發新客戶，但目前正為現有客戶疲於奔命，希望主管能理解現在開發新客戶的效率不高」？

有人表示：「只要透過說話語氣，就能大致理解。」但事實並沒那麼簡單。如果是朋友之間的溝通倒也無傷大雅，但這種方式並不適用於商業溝通。

要怎麼解讀部屬的話，全看主管會怎麼理解。話雖如此，有時主管自己也會給出既曖昧又模糊的答案。

雖然主管看似同意部屬的話，但仔細思考後，就能發現主管其實沒有說出真正的結論。是「因為開發新客戶也非常重要，所以還是得按照計畫執行」，還是「我會把開發新客戶的工作交給其他人，你就好好應付現有客戶」？

由於速刷團隊分配任務的方式是由目標而下，所以如果真的有無法承接的任務，應明確的告知主管，說話絕不能拐彎抹角。

另外，對主管來說，營造讓團隊成員能輕鬆交談的氛圍，是非常重要的事情。

如果，真的很難說清楚時，就把想說的話寫到筆記本上，只要把難以說出口的那句話寫出來就可以了：

- 因為忙著應付客戶，所以「遲遲無法完成工作」。
- 因為忙著應付客戶，所以「真的做不出來」。
- 因為忙著應付客戶，所以「可以麻煩A處理嗎」？
- 因為忙著應付客戶，所以「可以延期到下星期一嗎」？

如左頁圖9所示，只要像這樣寫下來，或許就能找到適合自己的對策：「真的很不好意思。因為忙著應付客戶，所以可以等到下星期一再提出報告嗎？」

主管也一樣。

不知道該怎麼對部屬下指令時，只要事先把想說的話寫下來，然後從中挑選出最適當且能明確傳達想法的句子即可。

## 圖 9　說不出口的話，先寫下來。

- 因為忙著應付客戶，所以遲遲無法完成。
- 因為忙著應付客戶，所以做不出來。
- 因為忙著應付客戶，可以麻煩 A 處理嗎？
- 因為忙著應付客戶，交期能延期到下星期一嗎？

只要事先寫下想傳達的內容，就能輕易找到解決方案。

# 8 溝通不良，是說話者的錯

到目前為止，你對高效表達是否有更深入的理解？

發言時，要避免省略論據跟結論。如果漏了，即便當下以為溝通順利，但事實上卻沒有正確傳達訊息。導致團隊溝通出現越來越多障礙和抱怨：「我早就說過了！」、「你之前有沒有聽我說話？」

我認為，因溝通不良而引起爭執和誤會，百分之百是說話者的錯。雖然有人說可能是聽者沒有仔細聆聽的緣故。但如果馬上認定是聽者的錯，那麼說話者永遠沒辦法改善說話方式。

只要聽者沒有表現出「我有認真聽」的樣子，或是露出困惑的表情，說話者就得不厭其煩且清楚的告訴對方訊息。

雖然我提到說話者的說法會引起誤會，不過既然是溝通，聽者也要有所改變。

為了雙方都能實現高效表達，聽者除了要集中注意力聽，同時要確認說話者是否遺漏論據、比較對象、結論等重要線索。

如果發現對方省略了重點，就按照這些方法來提問（見下頁圖10）：

● **省略論據……「為什麼＋具體例子」**

對方：「公司開發的新商品不好賣。」

提問：「為什麼你會那麼想？具體來說，不好賣的原因有可能是什麼？」

● **漏了比較對象……「和什麼比較」**

對方：「薪水太少了。」

提問：「和什麼相比才讓你覺得薪水太少？是同事？還是和自己規畫的人生目標相比？」

**圖 10**　如果說話者講話漏了重點，聽者要適時提問。

論據
「為什麼＋具體例子」
因為新商品的價格偏高……。
如果改成〇〇……。
比較對象
「和什麼比較」
因為和業界相比，我們公司薪水比較低……。
結論
「所以呢？」
因為要聯繫現有客戶，所以另一項工作交期請改成下個星期一。

### ●沒說結論……「所以呢？」

對方：「提不起勁……。」

提問：「提不起幹勁，所以呢？」

聽者提問時必須配合說話者的步調，否則會讓說話者感覺自己遭到審問。有時也可能破壞對方的心情，或是弄巧成拙，所以必須多加注意。

前面已經說過很多次，誤會是效率的大敵。

# 9 整理資料，輔助說明

高效表達的訣竅就是簡短、清楚。說話不省略論據或結論，以免產生誤會，是非常重要的事情。尤其是論據，只要提出基於客觀事實的數據，就能讓發言更具說服力。

說服，是說話者的工作。要不要接納，是聽者的事。如果你能這樣想，應該會比較容易理解。只要你說的話有依據，就有說服力，聽者也較容易信服和接受。

為了讓說話內容更具可信度、溝通更有效，接下來，我要簡單介紹整理資料的技巧。

製作資料是有意義的，因為能驗證溝通是否正確，意見有無一致。製作資料時，要掌握兩個重點：

- 只記錄必要項目。
- 記下事實，而非意見。

市面上有許多書都在教如何製作完美的資料，還提供許多範本。可是，套用這些範本來製作資料時，要特別小心。因為很多人都把製作資料當成目的。然而，資料不過是用來補充說話者想傳達的內容，終究只是配角，並不是主角。

對談時，說話者的目的是讓聽者能理解自己說的內容，所以製作的資料更要簡單易懂。

## 重點整理

- 提高產能有兩種方法：提升作業效率和溝通效率，後者的重點在於要做到高效表達。
- 高效表達的第一個訣竅，先說論點，讓對方更容易理解。二是，先闡明論據、理由，再說結論。如果省略論據，只談結論，溝通就會產生誤解。
- 溝通時，少用「多、少、高、小」等比較形容詞，也不要只憑印象發言。

第 5 章

# 創建高效率團隊的方法

# 1 找出不必做的工作

速刷團隊由能快速處理任務的成員所組成。和一般企業的組織不同，他們更團結、有團隊意識。

雖說明確目標是凝聚團隊有效方法，但速刷團隊成員是在目標明確的基礎下召集而成，所以沒必要做這件事。

不過，如果企業組織是像職棒或日本職業足球聯賽球隊，由固定成員組成，那麼要將其改造成速刷團隊，組織往往需要重大改革，這時就需要利用社會心理學之父庫爾特．勒溫（Kurt Lewin）的組織變革三步驟：解凍（Unfreezing）、變革（Moving）、再凍結（Refreezing）。我公司輔導過的客戶中，有企業採用變革三步驟順利改革。

接下來，我要分享的案例，是新上任部長在我公司的協助下，成功改革團隊。

新上任部長作為領導人，召集了成員並傳達公司的經營理念，接著告知管理層對團隊的期望。然後，這位部長向團員詳細說明現在外部環境的狀況，以及目前需要做哪些事。

如果沒有事先備妥這些知識，而是隨心所欲的討論，意見就會出現分歧，嚴重的話，團員們還可能產生不合理的想法或逐漸對公司感到不滿。

所以，領導人在成立速刷團隊及開始新的工作時，要確實傳達應與團隊共享的知識或資訊，然後和所有團員一起討論團隊目標。討論期間一定會出現各種想法，有人能提出具有建設性的意見，也有人不想改變現狀等。即使如此，最終還是能討論出結論，確定應該追求的目標（也就是組織目標）。

到目前為止，速刷團隊要做的事和一般團隊一樣，接下來才有區別。為了實現目標，團隊必須清楚劃分每個人職責。其中，有些團員需要進一步學習新技能，或想辦法精進技術。所以，可能出現至今一直在做的工作，突然被要求「不要做」的情況。

團隊因此進入變革期。由於還沒適應當下工作型態，導致有些團員明明說要做某事，卻沒有做；也有些人明確表示不做某項工作，卻依然在做。

令人驚訝的是，由於任務是由明確目標拆解而成，所以隱藏在背後的假計畫和假任務（也就是與目標完全無關的事）會陸續暴露出來，這時人們很容易把手段當成目標。

於是，我和部長通力合作，捨棄以下假計畫、假任務：

- **課長會議**：課長之間每個月舉辦兩次會議，討論各種主題。議題和速刷會議重複，再加上每次開會時都有很多人缺席，因而決定廢除。
- **部長與課長會議**：每個月一次，會討論各種主題。但實際開會時，都是聽前任部長大放厥詞。議題沒有連貫，而是想到什麼說什麼，所以不斷產生假任務。
- **製作各種會議紀錄**：幾乎沒人會看，所以廢除。
- **編寫月報、週報**：原本要求所有團員每個月、每週都要做業務報告，但幾乎所有報告書都是複製上個月或前一週的內容，形同虛設。

- **整理業界新聞**：擷取業界報紙內的特殊報導，傳給所有人瀏覽，但沒人能理解其目的，且幾乎沒有團員在乎。
- **業界動向分析**：把網路業界新聞製成清單，傳給所有人瀏覽。同樣因眾人無法理解目的而廢除。
- **參加其他部門的計畫**：有三名成員只是單純參與其他部門的會議，但沒接派到任何工作，所以讓他們退出計畫。

這裡只列出比較具有代表性的項目。其實還有許多目標不明確的工作都被取消了。當我們提出要刪除沒必要的作業時，很多成員都沒辦法接受。

「應該保留業界動向分析。現在的做法或許看不到效果，不過，如果採用其他方法的話，或許還是有幫助。」

「最好保留週報。這能讓我們了解部屬這個星期做了什麼、平常都在想些什麼，是非常重要的溝通工具。」

聽到這樣的主張，很多人都表示：「說得沒錯。」、「改變形式，然後保留下來。」部長感到非常為難，不過，我還是勸他要堅持立場。

我建議先廢除假任務三個月，如果之後仍覺得需要那些資料，又或應該保留會議，那就再重新考慮。採用這樣的方法，大家比較容易接受。沒人會認為自己做了毫無意義的事，所以，聽到原本在做的工作，被說沒有意義或浪費時間而被廢除，情感上當然無法馬上認同。

所以我和部長請團員忍耐三個月（根據我的經驗，設定一個月是不夠的）。聽到我們這麼說，團員也選擇退讓：「就這麼辦吧！」或「三個月後重新考慮吧。」終結這一連串爭議。

結果三個月後，幾乎所有人都忘記這件事情。甚至，有時還會反過來說：「當初為什麼要寫那種報告書？」或「仔細想想，那種會議太沒意義了。」

基本上，如果深信那項工作真的有必要，他們一開始就不會被說服，甚至忍耐三個月了。

有時候，可以不對現有組織進行改革，而是另外成立速刷團隊。這種速刷團隊行動明快且有明確目標，如「新商品開發計畫」、「新事業拓展計畫」、「成本削減計畫」或「組織風氣改善計畫」等。

不過，挑選團員時必須多加注意。

「為了改善組織風氣而成立計畫團隊，希望每個部門部長都成為團隊一員。」絕不能像這樣只看頭銜，就找對方加入。應以「誰最適合處理任務」作為挑選成員的標準。

首先，最重要的當然是領導者。選出領導者，決定目標之後，要做的就是拆解任務，同時召集可以處理那些任務的成員。

建立以任務為優先而非以成員為導向的團隊，就可培育出速刷任務的文化。效仿《向巴黎夫人學品味》的做法，只專注本質是非常重要的。消除無謂的浪費，也是一種美學。

重要的是確保團隊能達成目標。為此，必須讓那些能正確且迅速處理任務的成員執行必要的工作。只要徹底做到這點並持續下去，成員便能不斷累積成功體驗，

圖 11　成功體驗能讓團隊成長，更有團隊意識。

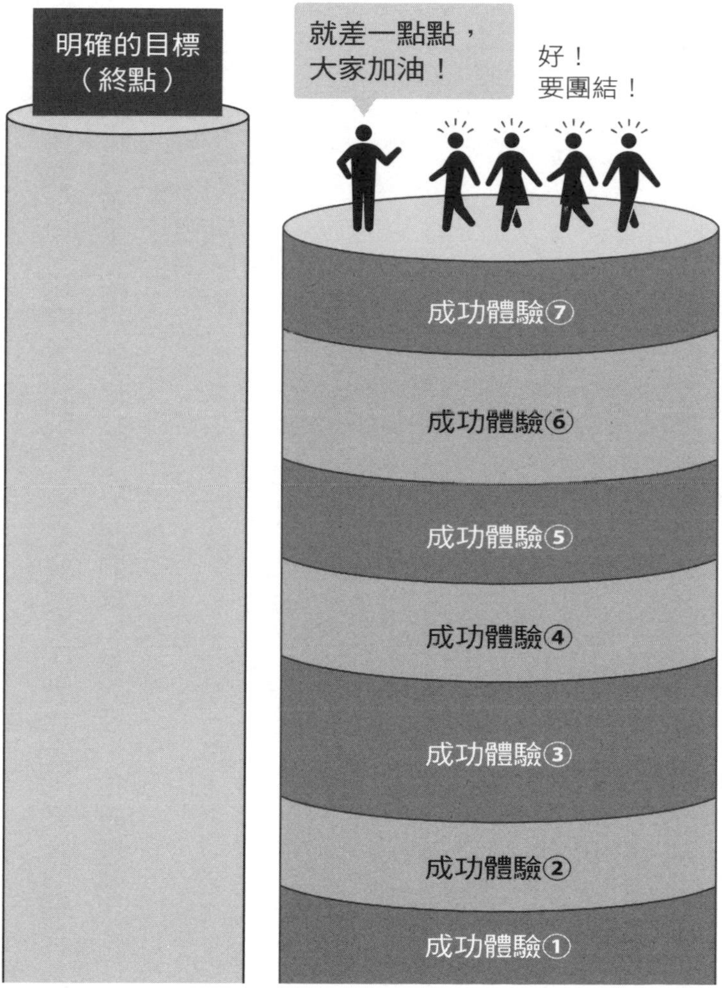

然後逐漸成長（見上頁圖11）。

當他們每天都覺得今天比昨天順利時，自然會抱有明天比今天更好的期待。因為團隊能為成員帶來希望，所以成員對團隊的認同感（參與度）也會提高。

# 2 八成會議都是多餘

速刷團隊是由能快速處理任務的成員所組成。不管是居家辦公或在辦公室工作，每個人都能有效率的完成自身任務，只有在召開速刷會議時，才需要把成員聚集起來。而且只有在以下兩種狀況才會開會：把目標拆解成任務並分配給成員時，以及必須根據計畫進度改變任務內容或分配時。

除此以外的會議都是多餘的。

我是個對會議格外反感的顧問，甚至寫了《脫會議》一書，如果可以，我希望會議能徹底歸零。

我擔任管理研修講師將近十五年，想藉此機會分享一般會議容易出現的問題。如我在《脫會議》提到的，基本上，會議中存在三個最糟問題一直都沒有改善：

- 不知道目的。
- 以報告結束。
- 無法決定下一步行動。

其中，以「不知道目的」的情況最多，大部分的人參加會議時，都不了解會議目的是什麼。因為他們把會議當作目的，而不是達到目標的手段。

我敢如此斷言，是因為若對某人問：「你可以出席會議嗎？」大多人在回答可或不可以之前，往往反問：「要開什麼會？」

我認為詢問「會議的目的是什麼？我參加會議的目的是什麼？」是非常理所當然的事情。儘管如此，有的領導者卻回道：「到時候你就知道了。」

我認為這種想法和只保留本質的理念相去甚遠。

因為會議只是一項工具，不以會議為目的，才能避免出現慢磨會議浪費大家的時間。

# 3 畫出任務樹，釐清該做的事

只要把目標拆解成好幾項計畫，再進一步將計畫分解得更細小，就能產生可快速處理的任務。為了生成任務，必須由某人拆解計畫。那麼，誰來負責拆解？這是我們需要先釐清的部分。

老實說，有的人不擅長拆解目標、計畫。他們往往把目標描述的很抽象，舉例來說，「我們要想辦法在下個月的活動吸引更多客戶。」如果進一步詢問實現目標的具體策略（任務），他們往往答不出來。

由於拆解需要具備一定的技能與經驗。資深員工不一定會做，更不用說沒什麼經驗的新成員。

以足球來比喻，拆解任務的人等同於司令塔（按：指能觀大局，組織進攻和防守的核心球員）。他可以自行拆解任務，也可以聚集成員一起拆解，所以若一個人無法拆解目標，不妨以團隊形式來進行。

這個時候，大家先在腦中想像任務樹。然後提出問題「目標是什麼？」（樹幹）。接著提問（先決條件）：

- 目標數字是多少？
- 何時是最後期限？
- 預算有多少？
- 存在哪些限制條件？

藉此確認目標細節，例如，「在二月十二日的活動前一週，需要召集一百名資訊系統部門的現職人員。包含會場費在內，預算共計一百萬日圓。團隊成員上限為四名。」

接著，寫出樹枝部分，也就是若要達成這個目標，應該做什麼事（計畫）：

- 列出一千名目標對象的名單。
- 確定吸引客戶的方法。
- 把活動資訊刊登在網站上。
- 確定預算細項。
- 在預算內，找到二月十二日可使用的會場並簽約。
- 決定活動的小禮物。
- 在預算內，找出並訂購可在活動三天前交貨的贈品。
- 確定會場工作人員的人數、成員以及各自的職務。
- 召集工作人員，說明當天工作內容。

就像這樣，只要寫出細節就能發現，即便只是一場活動，仍需要推動各種大大小小的計畫。

接下來，就是領導者發揮實力的階段。

如果你看到這些計畫（樹枝）時，會留意哪個部分？是「把活動資訊刊登在網站上」，還是「在預算內，找出並訂購可在活動三天前交貨的贈品」？

因為我是幫助企業達成目標的顧問，所以我會優先關注不確定性較高的計畫。換句話說，比起「只要做，就能確實達成」的事，我更注意「就算做了，也不確定能達成」的工作。

在上述計畫中，不確定性最高的是吸引客戶的方法。

假設目標是吸引一百名客戶，那麼該怎麼做才能確實做到？

事實上，不管是誰累積再多的經驗，都無法保證能百分之百吸引一百名客戶。所以，大家應集思廣益，找出有效的集客方法，並進一步討論如何在預算內執行。盡可能快速的實施，以便有更多時間試錯。

透過排列出計畫（樹枝）的優先順位，然後將其分別拆解成一個又一個任務（樹葉）。

接下來，終於來到分解任務階段。如前文「拆解任務是一種技能」提到的，拆解任務時要注意「輸入→處理→輸出」步驟。

「公司資料庫裡，有多少名資訊系統部門的現職人員？」
「必須先調查。」
「誰能來查？」
「我打算問問業務企劃部的M。」
「我覺得目標名單頂多列出一百人。如果要一千名，得去外面買名單。」
「如果要買名冊，需要多少錢？」
「我來查查看。」

像這樣，團隊提出想法時，要考量到輸入時能實現什麼輸出，以及誰能妥善處理好這些工作。

把計畫（樹枝）拆解成任務（樹葉）時，需要一些經驗或是訣竅，但只要團隊成員一起合作，就能順利解決。

大致分解任務後，接下來是決定最適合執行該任務的人選。至於是否由速刷團隊成員處理，則依任務內容而定。

如果處理的任務，需要使用某項工具，該任務就交給會該工具的成員。例如，「使用 Photoshop 製作促銷宣傳單」，就算有成員表示：「我沒有用過，不過，我可以現在學怎麼用 Photoshop 來製作宣傳單。」也不能把任務交給他處理。而是要像以下做法，隨時以任務為導向：

「如果之後有需要製作宣傳，可以讓你學習這套軟體，不過，因為目前沒有這個計畫，所以我們現在要找會使用 Photoshop 的人。」

「人事部的 K 會這套軟體。可以找他幫忙。」

「我找人事部部長說一聲。」

「我先準備好宣傳單的設計、素材。」

如果總是先以人的角度來思考，就無法發揮團隊的潛能，不僅會使團隊離目標更遠，團隊士氣更因此低落。

把工作分成樹幹（目標）、樹枝（計畫）、樹葉（任務）後，領導者需要和成員分享樹根。

什麼是樹根？就是實現目標（樹幹）的目的，也是根源（見下頁圖12）。舉個例子，一位主管宣告：「本季開發新客戶的目標是十間公司（樹幹）。二月的活動是達標關鍵（樹枝），非常重要。一定要吸引目標客戶，確實推廣本公司的服務（樹根）。」然後，與成員共享任務樹，並把任務分配給每個成員。這時，主管需要聆聽成員的意見。例如，「如果這是最後期限，我恐怕抽不出時間」，或「這個人可以更快處理好這項任務」。

像這樣在會議上交換意見，讓任務樹形狀逐漸完整。我們需要確認這些細節：

1. 基於何種目的來達成目標？
2. 若要達成目標，需要什麼計畫？
3. 拆解計畫後，出現哪些任務？
4. 由誰處理任務？

圖 12　畫出任務樹，釐清該做的事。

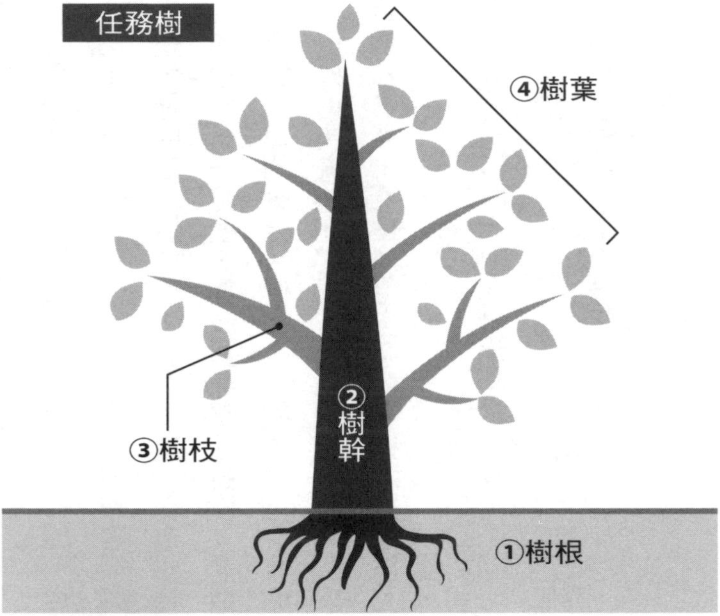


| | |
|---|---|
| ①樹根 | **實現目標的目的**<br>與成員共享。 |
| ②樹幹 | **目標**<br>確認實現目標的細節（先決條件）。 |
| ③樹枝 | **計畫**<br>寫出達成目標應做的事。 |
| ④樹葉 | **任務**<br>確認執行計畫所要做的事，決定負責人。 |

接下來，要持續拆解任務，直到能填進行程表上的程度。如前文所提，速刷任務以一小時內能解決的程度為標準。

我建議大家可以用電腦，然後把任務寫在行事曆之類的應用程式上。如果團隊成員能做到這種程度，相信主管應該會有很大的成就感。雖然此時離目標還很遠，但毫無疑問的是，團隊比最初時，更清楚可以怎麼完成目標。

這種做法能在團隊裡營造出緊張氣氛，除了帶給想敷衍了事的人緊張感，同時讓工作踏實的人能感到安心。

# 4 一場會議只能談一個議題

若想定期檢查計畫進度，也可以透過速刷會議來確認。因為任務是最小的工作單位，所以不會出現「只能處理一半」的現象。如果有任務沒辦法如期完成，或許是成員的選擇出了問題。因此，原則上不需要管理任務進度。

主管應在會議上和成員共享計畫的進展狀況，讓他們確認自己是否接近目標。如果發生任何預料外的情況，可創建新的計畫然後拆解，再將其分配給成員。

我們可以把正在進行的計畫，看成一級方程式賽車（按：由國際汽車聯盟舉辦的最高等級的賽車比賽，簡稱F1）。如同F1賽車的維修站，在秒定輸贏的世界裡，維修技工必須掌握每一秒，絕不耽誤賽車手的時間，主管應要求成員，抱著不容浪費一分一秒的態度參加會議。在會議開始前，每個人應徹底掌握會議目的，準備好在會議期間履行個人職務，相信成員們都會產生忙碌感。

順帶一提，如果大家習慣開線上會議，即便現實中每個成員都辦公室裡，仍可以選擇開線上會議，藉此減少移動時間。

為了確認進度而開的速刷會議，要盡可能避免表面膚淺的溝通。就像F1賽車進入維修站後，維修人員絕不能跟賽車手隨便閒聊，說類似「辛苦了。」、「今天的狀況真多。」之類的話。這種缺乏緊張感的交流可以等比賽結束後再說。

也就是說，工作上要減少沒必要的互動，等到目標實現之後，再透過舉辦慶功宴或其他聚會好好跟其他成員交流即可。

接下來我要來簡單介紹速刷會議的具體樣子。

假設會議上有人提到：

「我先傳私訊給名單上的一千人，之後打電話給有回信的對象。結果，只成功聯繫六十人，比期望的兩百人還少。」

「業務部到外面發送宣傳單。可是，三十名業務員中，有十一個人發的宣傳單沒有達到目標。業務部長應進一步督促他們。」

「我會把你們說的狀況轉達給業務部長。這個活動是為了支援業務部而舉辦的，我會在下午三點前跟他們聯絡，並讓他們理解這一點。」

像這樣，針對當下碰到的課題提出對策，並為解決這些問題而布置任務。接著排出任務的優先順序，將其分配給成員，最後安排到行程表上，速刷會議就可以結束了。

當然，會議期間絕對不能混入其他議題。

就像有些產品上會標註「危險，請勿混合」一樣，如果在一場會議中混入其他議題，會導致工作效率瞬間下滑。因為這樣會有更多人參與會議，如果讓不了解實際狀況的人插話發言，就可能引發毫無意義的爭辯，無端增加風險。

# 5 開線上會議，要錄影

只要有人問我對線上會議的看法時，我總是回答：「跟電子郵件一樣，線上會議是未來商業活動中，不可欠缺的溝通手段。」

你公司是否充分利用線上會議？

許多商業人士都在使用臉書或推特（按：在二〇二三年七月，馬克思把推特改名為X）等社群軟體。據二〇一九年調查，臉書的全球用戶（每個月上線用戶數）逼近二十五億人，推特則超過三億人。

這兩個軟體在日本有很多用戶，而我也把臉書當作與媒體相關人士或經理人溝通的手段。不過，不論臉書或推特，都無法跟電子郵件相比。就這點來說，LINE也一樣。雖然LINE的用戶很多，但在商業世界中，LINE並非標準的溝通手段。

然而，以Zoom為首的線上會議工具卻發展快速，在商業世界中的地位幾乎與電子郵件相同。

相信在未來幾年裡，若客戶提出：「用 Zoom 來開會討論吧。」你卻回道：「我們公司不開線上會議……。」對方肯定會露出不可置信的表情。

線上會議在今後逐漸普及，所以作為速刷團隊，最好要想辦法適應線上會議的潮流。千萬不要說「我不太擅長上網。」只要開始嘗試就行了。

我以前去便利商店都是用現金付款，但某位熟識的社長跟我說：「你要不要試著用手機付款？我自從學會用行動支付後，幾乎不帶現金出門了。」我原本只把對方說的話當成閒聊話題，不過，試著使用之後，我感受到行動支付有多麼方便，所以我現在出門都不帶現金了。

線上會議也是如此。剛開始，你一定覺得設定很麻煩或用起來不習慣，但一旦熟悉之後，就會發現它幾乎沒什麼缺點。

除此之外，開線上會議有個好處是，你可以利用錄影功能把過程錄下來。

你可能碰到這種情況：在上級要求下，必須參加一些對自己來說沒什麼意義的會議，「就算不發言也沒關係，只要人到就好。」

而錄影功能可以解決這種問題，「我不會出席那場會議，不過，事後我會確認錄影內容。」只要這麼說就可以了。之後也能用快轉，跳過自己不需要了解的會議內容。

「只要露個臉就可以。」這是慢磨團隊的價值觀。想做到速刷，就絕對不能被那種會議浪費時間。

# 6 線上會議，大家更願意說真話

我曾聽某位研修講師說過：「在未來，語言溝通會超越非語言溝通，成為主要的溝通手段。」語言溝通，就是用話語表達；非語言溝通，則指用語言、文字以外的媒介來傳遞訊息。

在新冠肺疫情的影響下，自二〇二〇年起，許多企業紛紛導入遠距辦公。因此，線上會議、線上商談、線上培訓課程等越來越普及。而我公司在疫情爆發前的二、三年就開始使用 Zoom，和地方客戶開線上會議，在網路上舉辦培訓課程。利用線上工具開會或商談時，的確沒辦法使用語言以外的非語言要素。

以下跟大家分享一個案例：

我的企業客戶中，一位專務問：「用電腦是要怎麼開會？」他強烈的主張：

「既然是開會，就應該面對面才對。不然根本沒辦法好好交談。」

即便我說：「只要用 Zoom，能即時看到大家的臉，而且非常清晰。」專務依然堅持自己的想法。

我提出質疑：「為什麼您能接受視訊通話，卻沒辦法接受用 Zoom 開會？」

專務隨即找了理由：「聽說 Zoom 曾經引起資安疑慮問題。所以那種工具行不通啦！」

在現實生活中，這位專務總是雙臂抱胸，態度傲慢的坐在位子上。幾年前，繼承公司事業的年輕社長打算和我們公司一起推動管理改革，好好的整頓公司狀況。結果專務拚命的反對，不願意伸手翻看顧問提出的資料。想改善組織，必定伴隨變革。可是，這位專務卻拘泥過去，不願意做出改變，完全沒打算接納全新的做法與價值觀。

不過，因新冠疫情的影響，社長決定將管理會議等所有社內會議，都改成在線上進行。就算專務不斷堅持開線下會議，已經沒人聽他的話了。

自從這間公司改成線上會議後，這位專務的強勢態度就消失不見。除此之外，線下會議中會出現的從眾效果（按：Bandwagon effect，常被稱為羊群效果〔Herd meetality〕，意思是人受到多數人的一致思想或行動影響，而決定跟從大眾），也都消失了。

# 重點整理

- 任務拆解之後，與目標無關的假任務會陸續出現。這些假任務只是把手段當成目的，無法讓你達成目標。
- 如果用頭銜挑選團隊成員，計畫就不會順利。
- 組織團隊先從挑選負責人開始。然後，決定應該實現的目標並拆解，接著召集能處理該任務的成員。
- 開會時容易出現的問題有三個：不知道目的、做完報告就結束、無法決定下一步行動。
- 速刷會議分成四個部分：樹根，與成員共享實現目標的目的。樹幹：確認實現目標的細節（先決條件）。樹枝，決定達成目標應做的事。樹葉，決定執行計畫的負責人。

第6章

# 堅守規則，才能改變

# 1 破壞規則的就得接受處罰

我開設企業培訓課後，經常有經理、課長提問：「怎麼做才能讓部屬堅守規則？我們組織裡有太多成員不做該做的事。」

你公司裡是否存在這種問題？就字面上來看，「堅守規則」給人一種強硬、強制感，不過，對企業而言，守規則是非常重要的事。

不論任務拆解得多麼精準，不管平日多麼努力開發技能，如果無法恪守規定，就沒辦法做到速刷任務，也無法提高成員對團隊參與度。

在一個團隊裡，絕對不能出現這種狀況：把遵守規則的人當成白痴。

如果你想帶領團隊進一步提升速刷能力，絕對無法避開守則問題。那麼，究竟該怎麼做，才能確保團隊每個人都能照著規則行動？

我認為答案是正確了解規則的意義和效果。只要能理解，人們會逐漸改變守則的態度。

大多數人都知道要遵守規則，卻不了解背後實際的意思，以及該怎麼做才能實現。為了提升速刷團隊，接下來我會進一步解說。

什麼是規則？規則就是人們必須遵守的規定或制度。你可以這麼想，沒有懲罰的制度，是禮儀，而規則伴隨著罰則。

只要用行車禮儀和交通規則之間的差異，就能輕易理解。如果沒有懲罰，就只是（行車）禮儀，而非（交通）規則（見左頁圖13）。

再說一次，規則是必須遵守的規定，沒遵守就有處罰。

雖然有社長總是抱怨：「公司裡有很多不遵守規則的員工！」但如果沒有設定罰則，沒人會把規則看在眼裡。此外，若懲罰只是做做樣子，沒有確實執行，那麼也不會有太大效果。

為此，應徹底培訓領導者，讓他們能貫徹嚴懲規定。

順帶一提，我說過對談時一旦省略論據，溝通效率就會變差。而規則可當作所有工作的「論據」，是非常方便的工具。

圖 13　規則和禮儀的差異，在於有無懲罰。

規則
應該遵守的規定，不遵守就會有罰則
在限速 40 公里的路上，
行駛 70 公里！
超速！要罰款！
馬上停車！
禮儀
沒有罰則
在停車場持續發動引擎，很讓人困擾。
轟隆轟隆……
那輛車好吵。

如果成員問：「為什麼要這麼做？」

主管就可以輕鬆的說服對方：「因為是規定。」

規則是管理團隊的基礎，所以應盡早制定好。

當然，未必所有事情都得制定規則。就跟分出任務和假任務一樣。你要懂得區別某事屬於規則還是禮儀。

只要分辨清楚，就不會感到迷惘。不迷惘，便能做到速刷。為了讓速刷任務文化在企業裡扎根，確實制定團隊規定。

## 2 製造剛剛好的緊張

大部分的人一聽到「不遵守規則，會有懲罰」，都覺得「這樣太嚴格了」。其實，我也這麼認為。若有人對你說：「這些都是規定，如果不遵守，就得接受懲處。」你一定會感到不舒服、不自在。同理，如果讓成員感到拘束，速刷團隊的行動就會失去餘裕感。

我在拙作《氛圍，促使人行動》（按：此為暫譯，臺灣未代理）中提到，緊張是最能提高效率的團隊氛圍，而鬆散、拘束則會降低效率。這種現象稱為「耶基斯—多德森定律」（Yerkes-Dodson law），說得更清楚一點，就是適度的壓力能激發衝勁。

- 鬆散：沒有規則，或是有規則但形同虛設。

- 拘束：懲罰跟規則太多。
- 緊張：只有建立基本規則，也設好責罰。

由此可以發現，速刷團隊只要建立基本規則就夠了。因為是基本，不僅容易記住，也能隨時注意。不過，並不是說只要制定規則，就能使「遵守規則的文化」在企業裡扎根。

因為不會遵守規則的人，就是不會遵守。

所以，接下來主管要幫助無法遵守規矩的人，掌握守規則的技巧。有人可能對此感到訝異，但事實上遵守規則同樣需要技術，若沒經過訓練，單靠意識，根本沒辦法按照規則行動。

# 3 遵守規定其實是一種能力

「為什麼有些人就是沒辦法按照規定行動？」不少領導者都有這樣的煩惱，其實就跟溝通能力或寫作技巧一樣，遵守規則也算一種技能。如果某人無法做到，就代表他這方面的能力不足。

假設今天你公司規定：

「不要遲到。」

「今日事今日畢。」

「了解目的後，再開始工作。」

「若無法如期完成任務時，要即時報告。」

有些人能馬上按照規定行動，有的人做不到，還有人需要花一段時間才能遵守，會出現這些差異，其實就是因為每個人的能力不同。

領導者要把這一觀點傳達給成員：問題不在於規則本身，更不在於當事人的動機。單純是遵守規則的能力不足。

或許有人會因無法遵從規則而找藉口。不過領導者這時應給予忠告，「先培養遵守規則的能力」。

用棒球來比喻，擊球員就算被三振也沒關係，畢竟擊球員也有狀況不好的時候。可是，被三振出局的藉口是那些具備安打技術的人才有的特權。若某人缺乏能力，除非他先磨練出安打技術，否則沒有人願意聽他找藉口。

# 4 守則三重點

要讓成員遵守規則，光靠理論是行不通的。必須透過訓練來磨練他遵從規定的能力。

我總會說：「先想像棒球球隊在守備狀態時的樣子，一下翻滾、一下撲飛，想盡辦法用手套接住棒球，但事實上並非那麼簡單。」如果沒有確實練習，守備能力就無法提升。簡單來說，守備有三個重點：

1. 快速跑向球移動的方向。
2. 仔細盯住球。
3. 正確戴妥手套。

如左頁圖14所示，如果把它換成組織規則，就會變成：

1. 主動閱讀規則。
2. 仔細了解規定。
3. 使自身想法向規則靠攏。

接下來，我會依序解說。

如果你的公司有明確列出規則，那麼部屬主動發掘那些規則，然後遵守是最基本的態度。

就跟棒球的守備方一樣。如果只是傻傻的站在同一個位置不動，就無法做好防守。也就是說，主動行動是非常重要的。

在職場上，經營者或上級頂多向員工說明一、兩次規則，但光是這樣，大部分的人沒辦法深刻記住，所以，主管應隨時提醒自己和部屬提高敏感度，主動探尋規則，「除了這個之外，還有其他規定嗎？」

## 圖 14　守則技術的三個重點。

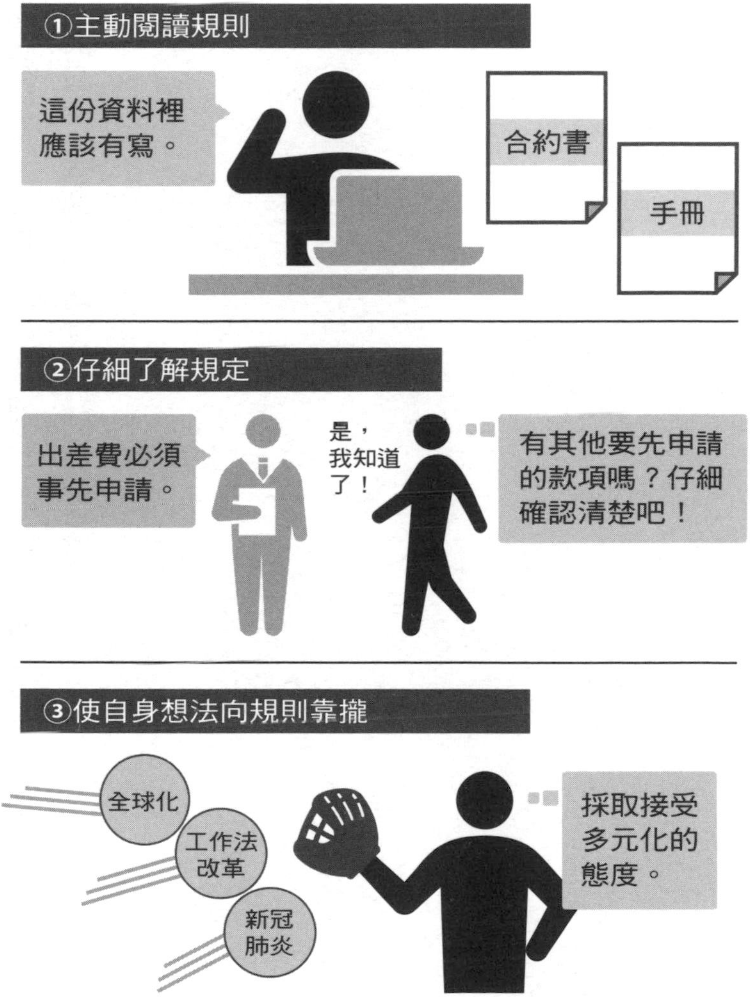
①主動閱讀規則
這份資料裡應該有寫。
合約書
手冊
②仔細了解規定
出差費必須事先申請。
是，我知道了！
有其他要先申請的款項嗎？仔細確認清楚吧！
③使自身想法向規則靠攏
全球化
工作法改革
新冠肺炎
採取接受多元化的態度。

而那些總會說「沒有聽過那種規則」、「或許之前講過，可是只聽一次怎麼可能記得」的員工，就像毫無防守能力的棒球員一樣。

# 5 職場上，沒有「我以為」

不論是誰，都得正確認識並理解規則。不過怎麼做才能確定自己有遵守規定？這時的重點在於要意識到「如果沒有遵守，會發生什麼事？」然後行動。

假設沒有這個認知，工作時，就會出現這種情況：「原來你是這個意思，我以為……。」、「如果是這樣，可以把它寫在規章裡面嗎？我以為……。」

可以說，習慣把這兩個字掛在嘴邊的人，對公司規範敏感度很低。

同樣以棒球為例，防守能力低落的球員往往會用「以為」，來為自己開脫：「我沒想到會變成那樣。我以為……。」、「沒想到球路變化那麼大，我以為……。」

除了被教練大罵：「就是因為你沒有緊盯著球看！」更因此失去上場機會：「換人！你只會給球隊造成麻煩。」

敏感度和認知能力偏低的人，往往認為問題不在於自己，而是規則本身有問題。

# 6 組織規定會變，得隨時確認

最後的重點是，自己的想法要向規則靠攏。並養成習慣，隨時確認規則項目，並正確理解其內容，如果有不清楚，就問到明白為止。

話雖如此，有些人的想法無法馬上轉換過來，而心生懷疑：「為什麼必須遵守這種規則？」這種狀況就像你往球移動的方向全速衝刺時，眼睛緊盯著球，卻沒戴好手套，結果漏接球。

如果不好好解決這個問題，他們的思維會逐漸僵化，之後若碰到某些狀況，就無法靈活應對。

舉個例子，我公司提出一種經營管理手段叫預材管理，簡單來說，就是事先準備目標的兩倍預材（按：指銷售用的材料，包含過去的實績、未來預算等），以促使業績達標。

可是，卻有很多人表示：「我沒辦法接受。」

雖然他們「可以理解準備兩倍預材，絕對能達成目標」，但沒辦法打從心裡認同。因為和過去的想法相差太多，所以無法馬上接受。

我們正處於因工作方式不斷改變，所以必須適應多樣化的時代，再加上新冠疫情的影響，組織規則的變化會更加頻繁。在未來，我們就像棒球球員，必須接住越來越多我們飛來的球，如果只是傻傻的站著，組織就無法順利運轉。

為此，主管得確保成員都學會並掌握遵守規則的技能。

## 重點整理

- 若要提升速刷團隊的能力，絕對要堅守規則。
- 有懲罰的制度是規則，沒有懲處的叫禮儀。
- 遵守規則是一種技術，重點是主動閱讀規則、了解其內容，然後讓想法朝規則靠攏。

第 7 章

# 唯有速刷，才能生存

# 1 改革，只多二〇%努力不夠

在此之前，我已講解如何建立一個速刷團隊。

對於已是團隊領導者的人來說，或許創建速刷團隊的方法中，有能夠採納的部分，但可能也有人認為：「要變成那樣應該很難……。」

你有什麼看法？有想過要如何改造自己的團隊嗎？

接下來，我會介紹讓團隊轉型的方法。

我身為顧問，工作就是深入企業的工作現場，幫助那些無法穩定實現目標的組織、團隊，順利達成目標。

許多企業都找我做過諮詢，我老實的告訴他們，若真的希望改變團隊，在到目前為止的努力基礎上，只比過去多二〇%或三〇%的努力，根本不夠。而是需要再付出一〇〇%或二〇〇%的努力。

此外，還有一點我希望大家了解，就是「你不需要不斷的付出精力，只要堅持到改革結束就好。」

接下來，就來談談我經常引用的NLP理論（Neuro-Linguistic Programming，神經語言規畫，應用於個人發展、溝通、企業管理……在改變人類行為方面有顯著效果）的「三種R」：重置（Reset）、重構（Reframe）、重啟（Restart）。

其中以重置最為重要。可是實現重置非常困難。

雖然有許多團隊會說「從零開始」、「從頭再來」，卻沒能做到重置。以電腦或智慧型手機來說，他們只是重新開機，沒做到恢復成原廠設定狀態。

話說回來，或許有些人對三種R毫無概念，為了幫助大家理解，我會在後文用勒溫的組織變革三步驟來解釋其概念。

## 2 變革三步驟：解凍、變革、再凍結

組織變革三步驟是被稱為社會心理學之父的勒溫所提倡的模型，如下頁圖15，變革分成三個階段：

1. 解凍：破壞過去的工作方式和組織文化。
2. 變革：學習新做法、新價值觀。
3. 再凍結：奠定新工作方法，讓新價值觀在組織文化中扎根。

前一節說的重置，就相當於解凍。

跟我自創速刷任務一詞一樣，統籌團隊的人必須經常思考，和團隊溝通時用哪個詞語比較適合。因我有豐富的現場經驗，所以會隨時觀察，要怎麼說才比較容易

圖 15　組織變革三步驟

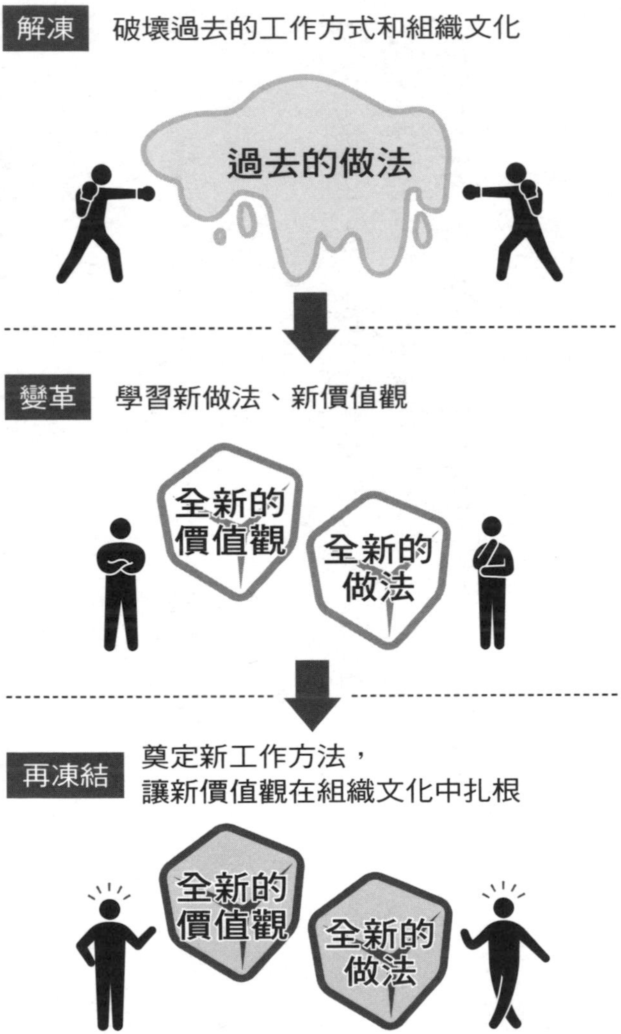
解凍
破壞過去的工作方式和組織文化
過去的做法
變革
學習新做法、新價值觀
全新的價值觀
全新的做法
再凍結
奠定新工作方法，
讓新價值觀在組織文化中扎根
全新的價值觀
全新的做法

改變人的想法，促使組織改革。

就這個意思來說，或許大多數人會認為解凍比重置更容易想像且具體。

而且「解凍組織」這樣的表現比較具有衝擊力，令人印象深刻。

比起講「讓我們重置」，說「讓我們解凍」，更能讓大部分的人有深刻認識。

下一個階段是變革（重構）。這個詞彙指的與其說是過程，更像是一種狀態——僵硬的事物因解凍，無法維持原狀。

許多人都害怕變革。但我因幾乎每天都在協助讓人或組織變革，所以基本上已經麻木了，就像每天動手術的醫師，看到血已經無感。相反的，我進入工作現場輔導時，如果看到人事物沒發生改變，我就會認定該組織解凍得不夠徹底。

儘管如此，就算要不習慣變革的人馬上適應，對方也辦不到。就像要求沒有每天動手術的醫生看到血不要緊張一樣，是不可能的。

所以領導者要抱定決心，陪著成員一起跨越變革時期。反覆的試錯，並且學習全新的做法與價值觀。

若領導者剛開始採用「以人為導向」的方式來管理團隊，突然宣布改用以任務為導向，除了讓人措手不及，還會出現許多需要調整的部分。但只要撐過一段時間，當大家都冷靜後，自然就會發現變革的優點和缺點。

最後是再凍結。也是設定全新規則、重新確認方向的過程。

# 3 為了成長，得先放棄一些優勢

進行團隊改革的時候，絕對不能忘「有失有得」。不管是面對管理層、組織或整個企業都一樣，改革時，難免要捨棄過去一些優勢。

希望實施的改革措施沒有任何缺點，且所有成員都可以接納……這種想法非常不現實。

速刷團隊要管理的是任務，而不是人。

這種觀念適用於組創一個全新隊伍，但若是把現有團隊改成速刷團隊，就得推動改革，且必須依序照解凍、變革、再凍結進行。你絕對不能忘記，這時勢必得放棄過去的部分優勢事物。

# 4 每個人都要保有三種餘裕

我作為企業顧問十分注重成果，一部分原因是個性使然，另一部分則是為了確實回應客戶的諮詢和需求，漸漸形成這種風格。

我秉持這種風格做事已十七年了，我深深認為現在比過去任何一個時代，更應該重視理想狀態，而非做法。

如果把做法當作思考方向，人會不自覺把重點放在手段上，導致無法實現目標。所以，我們應把理想狀態看作思考角度，記住自己想達成什麼目標，應該把怎麼完成目標。

時代不停的變化，企業價值觀也逐漸變得多元。

我認為不管是管理幹部、中間管理層，還是在工作現場工作的人們，**大家都應該保有三種餘裕：經濟、時間和精神**（見左頁圖16）。

圖 16　靠速刷任務獲得三種餘裕。

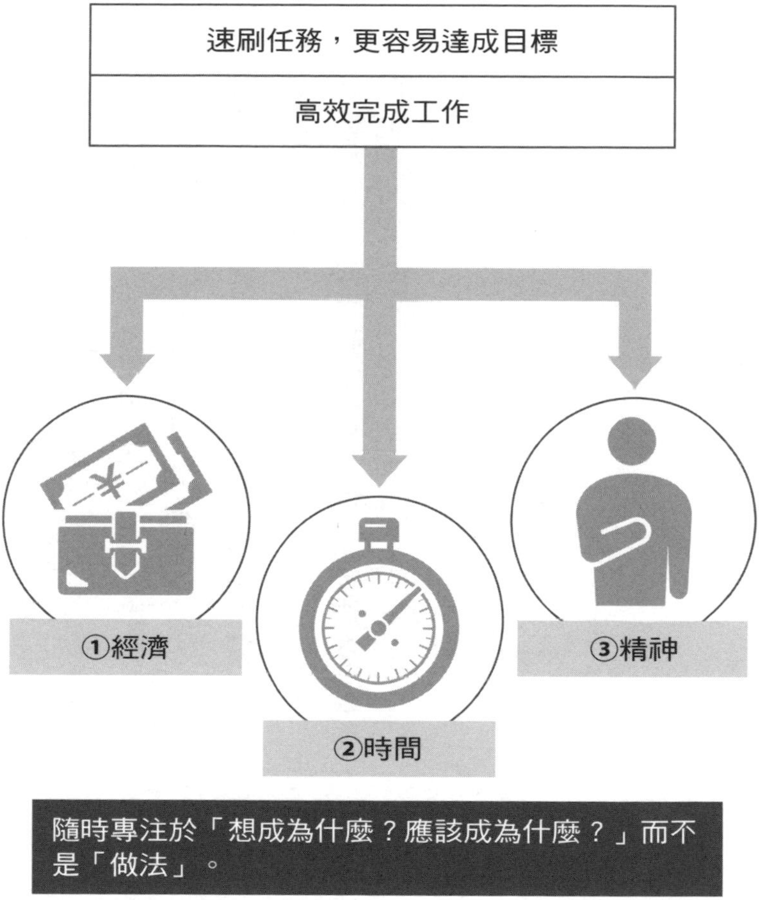
速刷任務，更容易達成目標
高效完成工作
①經濟
②時間
③精神
隨時專注於「想成為什麼？應該成為什麼？」而不是「做法」。

讀到這裡，有許多人都很困惑：「說得簡單，實際上到底該怎麼做？」、「在這三件事上獲得成功很重要，不過，要全部做到，只是妄想罷了。」

我支援客戶時也是如此，就算我企圖透過演講鼓勵所有工作人員，「絕對要達成目標！」會興奮附和的人頂多只有社長和新進員工而已。而其他人的反應都是：「說得簡單，但我不知道具體怎麼做？」換句話說，他們從做法的角度思考問題。

而這種思維方式，會使人有壓力。

請記住一個重要觀點：**理想狀態只有一種，而做法有無數種。**

世上不存在「一開始能掌握方法，且知道如何解決」的事情。

現在是「VUCA」（按：易變〔Volatility〕、不確定性〔Uncertainty〕、複雜性〔Complexity〕和模糊性〔Ambiguity〕）的時代。現在不是過去的延伸，所以起初不知道做法是很正常的。

# 5 以錢為起點

就算不知道具體做法，仍可以把三種餘裕當作目標。但要記住，我們無法同時在經濟、時間、金錢上獲得成功。不論企業或是個人，都應先在經濟方面獲得成功。

本公司是一間擁有七十五年歷史的顧問諮詢公司，母公司是稅務會計師法人。因為公司裡許多職員都是會計師，所以大家會格外關注資金相關問題。

如果一間企業的財務系統不健全，就沒辦法實現企業的最初目的。例如，經營理念、重視員工或是對社會有所貢獻……任何事情都無法達成。

我們公司約有一千三百個客戶，在這些客戶中，無法妥善管理、統籌金錢和金流的企業，即使志氣再高，最後都留下令人遺憾的結果。

因此，要先做到的是達成經營目標，只要經濟上有餘裕，就能做到更多的事。這是讓團隊通往最終目標的第一步。

# 6 有錢之後，就有時間

接著要關注的是時間餘裕。

我們在前一節提到錢很重要，不過為了錢，而讓員工埋首工作的管理方式，已不適合現代觀點。希望多領薪水而努力賺取加班費的人，在昭和（約一九二六年十二月至一九八九年一月）進入平成時代（約一九八九年一月至二〇一九年四月）期間急遽減少。

在現代，雖然錢還是很重要，但人們開始花時間注重健康、和家人相處以及發展興趣。

企業也是如此。金錢很要緊，但現在畢竟是不確定性高的VUCA時代，因此，花時間培育未來人才、研究開發，也同等重要。

二〇一九年四月，日本的勞動改革相關法令於正式生效。首先，針對大企業規定加班時間上限。從二〇二〇年四月開始，中小企業也得遵守這些規定。

由此可見，社會不認同人們長時間勞動。

獲得經濟餘裕後，必須確保時間方面已擁有餘裕，才能接著思考如何獲得更多經濟報酬。

# 7 有了錢跟時間，才能追求幸福

我們之所以需要在經濟和時間方面獲得餘裕，都是為了讓精神能放鬆。一個人如果沒錢、沒時間，身心狀態自然不會好。

請想像一下，自己任職的公司總業績總是沒達標，而且經常看到金融機構的職員多次拜訪社長，或是即使業績再好，但每天都得加班到半夜……現代人迎來百歲人生時代，如果每天都得這麼辛苦的工作，會逐漸累積慢性壓力，導致身心變得疲憊、脆弱，最終呈現動彈不得狀態。

這也是為什麼我們需要打造速刷團隊，只要能快速且有效的完成任務，就能獲得三種餘裕。

管理團隊時，專注於任務，就能更輕易達到目標。因為只處理這些任務，不做其他多餘的事，所以自然多出許多時間。

另一方面，如果把管理重點放在人或時間上，而非任務，就會產生多餘的工作（假任務），不只被迫浪費時間處理沒意義的事，也無法實現目標。

如果團隊長時間工作仍沒能達成目標，就等於白費力氣，很難在商業世界裡生存下去。

拋開「誰負責什麼樣的工作？」或「誰有時間能處理？」的想法，專注在「誰來處理這個任務？」上足夠了。

只要這樣，就能擁有錢、時間和幸福。

## 重點整理

- 在完成改革之前，團隊需要再付出一〇〇％甚至二〇〇％的努力。
- 進行改革時，難免要捨棄過去一些優勢。
- 靠速刷，能在經濟、時間、精神等三個方面獲得餘裕。

結語

# 我和我公司的代名詞：絕對達成

我從事顧問工作已經十七年。我和我公司的代名詞是「絕對達成」。這幾個字最早出現在我的第一本著作《業績絕對達成的技術》。或許是因為「絕對達成」令人印象深刻的關係，之後我公司提供的服務，其名稱也會用到這個字眼。

我在之後九年共出版十八本書，這段期間，外部環境有了極大改變。如本書提過的，就算目標一樣，但實現方式需要不斷的調整。

我在支援客戶時，會配合時代變化來改變工作方法。正因現在的想法跟價值觀都跟過去不同，所以我們不能繼續用舊有方法做事。

本書內容是我在寫《業績絕對達成的技術》時完全無法想像的。

「不以人為核心，而以任務為導向」是理想的團隊狀態。然而，那些滿意當前團隊狀態的人，以及不想改變團隊現狀的主管來說，這個想法或許就像某種禁忌。不過，反過來說，對於準備開拓新事業或希望大刀闊斧推動組織改革的人而言，則會驚嘆「原來還有這種方式！」

事實上，有一間因新冠疫情陷入末路的企業，靠速刷理念脫離了危機。

那間企業是老字號機械工具公司，擁有八十名員工。當時，它因中美關係惡化及疫情影響，業績大幅下滑。若情況繼續惡化，該企業就得進行大規模的重組。幸運的是，它們在我們接受諮詢時，內部已準備好改革。

因不需要經歷組織變革三步驟中的解凍過程，只需要盡快擺脫變革狀態，然後再凍結就可以了。

在短短三週內，這間機械公司徹底重生了。

為了打造讓九成員工都能居家辦公的環境，以及讓每個人習慣進行線上會議，該企業成立專門的速刷團隊，提供「遠端工作法」、「心態」相關培訓課程。

雖然這間企業的職員因沒有居家辦公的經驗，而感到不安，不過由於領導者專注在任務上，一切才能順利的發展，使企業真正蛻變成效率絕佳的堅實組織。

經過改革後，這間企業取消九〇%例行會議和業務，現在很多員工都說：「為什麼過去有那種業務？」、「原本以為該做的工作，事實上幾乎都沒必要做。」、「現在才知道，真正應該做的事情在其他地方。」

現在是數位工具盛行、不確定性極高的時代。如果從絕對達成的觀點來看，我認為團隊的必須專注在目標上。

雖說企業規模與員工數量呈正比，但仔細想想，現在已不是追求規模的時代了。希望進入大企業的年輕人、希望成立上市公司的經營者也比過去少。此外，就算擁有好業績，有些大企業還是希望年滿四十五歲以上的員工能自請退休，或許是因為領導者知道陳舊、不懂變通的組織無法適應VUCA時代。

只有強盛的組織才能回饋社會，為人們帶來幸福。那麼，企業該如何保持強盛？只處理從目標拆解而成的任務並不夠，真正的關鍵在於，應該建立什麼團隊來實現目標。

最後，我由衷感謝谷英樹編輯在我寫本書的時候，給予相當多的幫助。

我期盼本書能成為幫助主管打造出強大團隊的契機。

國家圖書館出版品預行編目（CIP）資料

速刷任務，把部屬的速度催出來：盯哪才做哪，能不做就先擺著，如此機靈的人才怎麼變身積極？盯任務，別盯他。／橫山信弘著；羅淑慧譯. -- 初版. -- 臺北市：大是文化有限公司，2024.3
208 面；14.8×21 公分
譯自：優れたリーダーは部下を見ていない
ISBN 978-626-7377-60-4（平裝）

1. CST：管理者　2. CST：組織管理

494.2　　112019642

Biz 447

# 速刷任務，把部屬的速度催出來

## 盯哪才做哪，能不做就先擺著，如此機靈的人才怎麼變身積極？盯任務，別盯他。

作　　者／橫山信弘
譯　　者／羅淑慧
責任編輯／陳竑悳
校對編輯／許珮怡
美術編輯／林彥君
副總編輯／顏惠君
總 編 輯／吳依瑋
發 行 人／徐仲秋
會計助理／李秀娟
會　　計／許鳳雪
版權主任／劉宗德
版權經理／郝麗珍
行銷企劃／徐千晴
業務專員／馬絮盈、留婉茹、邱宜婷
業務、行銷與網路書店總監／林裕安
總 經 理／陳絜吾

出 版 者／大是文化有限公司
臺北市衡陽路 7 號 8 樓
編輯部電話：（02）23757911
購書相關資訊請洽：（02）23757911 分機 122
24 小時讀者服務傳真：（02）23756999
讀者服務 E-mail：dscsms28@gmail.com
郵政劃撥帳號／ 19983366 戶名：大是文化有限公司

香港發行／豐達出版發行有限公司
Rich Publishing & Distribution Ltd
香港柴灣永泰道 70 號柴灣工業城第 2 期 1805 室
Unit 1805, Ph.2, Chai Wan Ind City, 70 Wing Tai Rd, Chai Wan, Hong Kong
Tel：21726513　Fax：21724355
E-mail：cary@subseasy.com.hk
法律顧問／永然聯合法律事務所

封面設計／林雯瑛
內頁排版／邱介惠
印　　刷／鴻霖印刷傳媒股份有限公司
出版日期／2024年3月初版
定　　價／新臺幣 390 元
I S B N／ 978-626-7377-60-4
電子書 ISBN ／ 9786267377550（PDF）
9786267377543（EPUB）